И. П. Неумывакин

ПЕРЕКИСЬ ВОДОРОДА

МИФЫ и РЕАЛЬНОСТЬ

3-е переработанное издание

Москва — Санкт-Петербург
«ДИЛЯ»

УДК 615.89
ББК 53.58
Н 57

Данная книга не является учебником по медицине, все рекомендации, приведенные в ней, следует использовать только после согласования с лечащим врачом.

Неумывакин И. П.

Н 57 Перекись водорода. Мифы и реальность. 3-е перераб. издание — СПб.: «Издательство «ДИЛЯ», 2018. — 192 с.

ISBN 978-5-88503-508-8

В данной книге автор освещает вопросы, связанные с перекисью водорода как источником необходимого организму атомарного кислорода. Перекись водорода способствует нормализации окислительно-восстановительных процессов и уничтожению всего, что мешает организму нормально функционировать.

Подробно рассматривается механизм действия перекиси водорода, а также предложенного ультрафиолетового облучения крови как одного из эффективных способов коррекции иммунной системы. Предлагаются подробные рекомендации и комментарии к уже известным методикам лечения перекисью водорода. Приводятся отклики читателей по ее использованию, в том числе в комплексе с УФО крови при различных заболеваниях.

Книга предназначена для широкого круга читателей, в том числе врачей и лиц, заинтересованных во внедрении простых и надежных методов лечения в практику официальной медицины.

ISBN 978-5-88503-508-8

ОТ АВТОРА

В последние годы я стал публиковать (особенно в газете «ЗОЖ» – «Здоровый образ жизни») свои работы, посвященные перекиси водорода (H_2O_2), выполненные более 30 лет назад и оставшиеся нереализованными. Возможно, это было связано с тем, что метод применения перекиси водорода и другие, разработанные в то время, были для меня второстепенными в решении возложенных на меня задач по созданию «космической» больницы, и важность которых для оздоровления людей я понял только несколько лет тому назад.

Массовый интерес к перекиси водорода появился в России после перевода книги У. Дугласа «Целительные свойства перекиси водорода» (СПб., 1998), в которой достаточно убедительно рассказывается о пользе H_2O_2 не только как наружного антисептического средства, но и средства лечения практически любых заболеваний, в том числе и методом внутривенного введения.

Казалось бы, что можно добавить по поводу перекиси водорода, лечебные свойства которой в той или иной степени уже освещены, к тому же не одним автором? Например, книга В. П. Казьмина «Перекись водорода при вашей болезни» (Ростов-на-Дону, 2003). Выходили и другие книги.

Но, к сожалению, люди в большинстве своем ленивы и всегда рассчитывают на чудодейственные средства, которые избавят их от болезней без всякого труда. А в жизни так не бывает. Недаром в народе говорят, что «без труда не вынешь и рыбки из пруда».

Конечно, перекись водорода действительно оказывает универсальное действие, однако важно и то, при каких условиях, на каком фоне вашего организма вы ее применяете. Это во-первых.

Во-вторых, в уже вышедших книгах авторы, как правило, не объясняют, почему H_2O_2 работает так многопланово, чем же она отличается, скажем, от молекулярного кислорода, который мы вдыхаем? Кроме того, они считают, что H_2O_2 распадается на воду и якобы тот самый молекулярный кислород. И хотя пытливые ученые нашей страны достаточно давно и серьезно занимаются изучением влияния перекиси водорода при лечении различных заболеваний (газовой гангрены, вялотекущих, гнойных ран при лучевой болезни — А. В. Мельников с соавт., 1945, А. А. Гуревич с соавт., 1966, А. А. Опокин, 1981; онкологических заболеваний — Г. В. Бондарь с соавт., 1986, Н. А. Макаркин, 1990; облитерирующего атеросклероза нижних конечностей — И. В. Арсеньева, 1987, Д. А. Арлимов, 1990), широкой известности эти исследования не получили. Причиной тому является ярое сопротивление громадной индустрии по созданию дорогостоящих, все более сильнодействующих синтетических лекарственных средств как одного из основных видов бизнеса, приносящего громадный доход на несчастье людей, и борьба представителей этой индустрии против подрыва своего «авторитета».

Правда, в двух работах (Д. Фарр, 1991; В. П. Сибников, 1990) я все-таки нашел упоминание о том, что при разложении перекиси водорода выделяется *атомарный кислород*.

Недавно позвонил своему другу, одному из ведущих патофизиологов дыхания, профессору Е. А. Коваленко. Спрашиваю его:

— Женя, что ты знаешь о перекиси водорода?

— Как что, — отвечает, — это хороший антисептик, применяемый наружно.

— Да нет, — говорю, — я спрашиваю о ее внутреннем применении и даже внутривенном введении.

— Ты что, Иван, с ума сошел? Всегда что-то выдумываешь!

— Да, пока с мозгами все в порядке. Наоборот, если кто собирается сходить с ума, то их как раз можно лечить с помощью перекиси водорода...

И это профессионал своего дела, сам не раз выдвигавший новаторские идеи! Что же тогда говорить о других врачах?

Этот разговор и заставил меня написать о перекиси водорода, о той ее стороне, о которой, оказывается, не знают даже специалисты, пишущие о ней.

Подтверждением этому является тот факт, что Институт нейрохирургии имени Н. Н. Бурденко после многолетних исследований создал аэрозольный препарат «Паркон», включающий перекись водорода, в качестве средства для лечения болезни Паркинсона, но который стоит очень дорого.

И еще вот на что я хотел бы обратить ваше внимание. Во-первых, в этом новом издании я привел значительно более глубокое осмысление физиологических процессов, протекающих в организме и касающихся основных источников кислорода: молекулярного, перекиси водорода и озона.

Во-вторых, мне хотелось бы остановиться на следующем. После выхода в свет книги У. Дугласа «Целительные свойства перекиси водорода» и практически одновременно моей книги «Перекись водорода: мифы и реальность» (появлению которой, кстати, предшествовали мои публикации на эту тему почти в течение 3 лет в газете «Здоровый образ жизни») в последние 1–2 года появилось много книг о перекиси водорода. Почему-то сразу все поумнели, хотя при этом преследовали совершенно другие, материальные цели при полном незнании того, о чем пишут. Я познакомился с десятком таких книг, в некоторых их них почти слово в слово повторяется материал моей книги со ссылкой на меня, а в некоторых — без упоминания моего имени. Но дело не в моих амбициях, а в том, что большинство книг безграмотно, в них речь идет просто о перекиси водорода, продаваемой в аптеках, ее использовании при полном незнании того, что происходит в организме и заложенных в нем резервных механизмах.

Наиболее значимым изданием, посвященным перекиси водорода, считаю книгу М. Бурова «Все о перекиси водорода» (Ростов-на-Дону, 2004), некоторыми рекомендациями которого я воспользуюсь.

А вот читателям книги «Перекись водорода при ваших болезнях», вышедшей аж 30000-ным тиражом, не приведи господи воспользоваться многими ее рекомендациями, а к автору этой книги, Жалпановой Л. Ж., я бы применил слова, правда, не помню, кем сказанные: «если можешь не писать, то не пиши». Подобными вольными публикациями уже и так столько нанесено вреда здоровью доверчивого читателя! И подрывают такие книги авторитет действительно правильных и полезных оздоровительных методик, порождают в умах людей такую сумятицу, что они уже никому не верят. На эту тему приведу письмо одной из пациенток возглавляемого мною Лечебно-профилактического центра.

✉ *Огромное спасибо за то, что Вы есть. Сегодня утром (29.09.04) смотрела передачу «Доброе утро», где критиковали работу Вашего центра и что Вы рекомендуете перекись водорода от многих болезней. В передаче была названа моя фамилия, которой якобы от Вашего лечения стало плохо. Корреспондентам я ничего подобного не говорила, как же можно так все извратить и поливать грязью то, что Вы делаете. А эта Е. Малышева хоть поинтересовалась бы, что действительно делают здесь, в центре, как же можно говорить то, что не посмотрела, не попробовала, да еще в Ваше отсутствие, а защищала честь уже ничего не умеющей медицины. Очень возмущена этой передачей и уже хотела писать в суд и на передачу, и на Е. Малышеву, но Иван Павлович сказал: «Вам от нашего лечения стало хорошо, вот и хорошо, не надо портить свои нервы на бесполезное дело, к сожалению, мы живем в такой стране, в которой прав не тот, кто прав, а тот, у кого больше прав».*

Многие ошибочно думают, что за 7–10 процедур можно полностью излечиться, забывая, что за свою жизнь ничего не делаем, чтобы быть здоровыми. Чудо, которое делают врачи в этом центре, это долгая собственная работа, которой здесь учат, чего не делают ни в одном лечебном учреждении официальной медицины, и это должно стать образом жизни. Человек ведь слаб, и через некоторое время он нарушает выданные ему рекомендации, а потом кричит: «Неумывакин мне не помог». А он ведь всех предупреждает: хочешь быть здоров — работай. Я прошла все процедуры, от которых впервые познала, что «у меня еще не вечер». А как проводят здесь гидроколонотерапию — после которой хочется летать! Методика очистки печени вообще не имеет себе равных. Сколько я ни чистила печень разными методиками, но такого результата, как здесь, я не могла добиться: никогда не думала, что из меня столько выйдет камней, хотя УЗИ ни разу не показывало, что у меня они есть в кишечнике и в печени. Храни Вас Бог, несмотря на все нападки на Вас: нас много, которых Вы поставили на дорожку здоровья, и мы Вас в обиду не дадим, нас уже целая армия, а Вы, как военный, только дайте команду, чтобы заявить во весь голос, кто есть кто. Мы Вас любим как самого дорогого человека, а сотрудники стали нам самыми близкими людьми.

Абрамова О., Москва

Не могу удержаться, чтобы не привести еще одно письмо, поступившее в редакцию «ЗОЖ», и ответ на него главного редактора газеты Анатолия Коршунова.

Я давний подписчик «ЗОЖ». С нетерпением жду каждый номер. Очень много взяла для себя. Не укрылись от моего взгляда и прекрасные отзывы о приеме перекиси водорода, и я уже 2 года принимаю H_2O_2. Все мои знакомые, как и я, — люди преклонного возраста — принимают перекись и чувствуют себя значительно лучше.

Но вот однажды (август-сентябрь 2004 г.) они мне позвонили и сказали, что в одной из передач Елены Малышевой (о здоровье) ей задали вопрос относительно перекиси водорода, на что она очень категорично ответила: «Ни в коем случае, так как это приведет в конечном итоге к тяжелым последствиям». Мои приятели сразу же прекратили прием перекиси водорода и просили меня, чтобы я вам написала.

И. Я. Шеина,
Пермская обл., г. Березники

Ответ главного редактора

Подобных писем в редакцию «ЗОЖ» пришло много. Принимали перекись, было все отлично — летали как на крыльях. Но прочли заметку врача в местной газете, услышали мнение специалиста в телепередаче... и испугались.

Не могу понять — хотя подспудно и могу — зачем, с какой целью это делается? Уже писал, что в почте нашей редакции среди многочисленных положительных отзывов о приеме смеси за всю уже долгую историю пропаганды H_2O_2 не более двух-трех отрицательных результатов. У кого-то поднялось давление, у кого-то появились головные боли... Люди прекратили принимать перекись, и, наверное, правильно сделали — «не пошла».

Могу привести пример из личного опыта. Я тут побывал в Америке. Встретился со старым приятелем по «Советскому спорту». Сели за стол — помянули ушедших друзей. Увы, таковых оказалось много... Наутро я обнаружил, что правая нога у меня распухла, нестерпимо болела, стала красной, и от нее исходил жар... Приятель посоветовал обратиться к врачу. Тот посмотрел мою ногу... и назначил капельницу.

— А что в капельнице? — поинтересовался я.

— Перекись водорода, физиологический раствор, витамин С и антибиотик, — ответствовал доктор.

— Перекись! — воскликнул я. — Вы ее применяете?

— Да, уже лет 12...

— И успешно?

— Практически 100-процентно.

— Но я нигде не читал об этом!

— И не прочтете, хотя... Есть несколько книг...

Дело в том, что американские врачи получают бесплатно лекарства от фирм-производителей. Цель — приучить к ним пациентов, дабы затем они покупали эти, как правило, недешевые препараты в аптеках. Вряд ли фирмам понравится упоминание о дешевой перекиси.

...Я принял две капельницы с антибиотиком. Нога полностью пришла в норму. Но я продолжил курс — это еще 6 капельниц, уже без антибиотика... Вам нужны комментарии? Наш корреспондент Григорий Малай нашел в Ижевске врачей, которые в отличие от своих коллег-оппонентов используют H_2O_2 для успешного лечения многих тяжелых недугов.

Анатолий Коршунов

Корреспондент «ЗОЖ» взял у ижевских врачей интервью, и в газете (№ 2/278 за 2005 год) появилась статья «Есть такие врачи. Клиническая практика применения H_2O_2», выдержки из которой привожу ниже.

Заведующий кафедрой факультетской хирургии Ижевской медицинской академии В. А. Ситников не скрывает, что впервые о фантастических возможностях перекиси водорода прочитал в «ЗОЖе».

— Профессор Неумывакин был очень убедителен, отстаивая преимущества перекиси в стимуляции иммунных резервов организма, — рассказывает Ситников. — Заинтересовавшись всерьез, я прочел книгу американского врача У. Дугласа «Целительные свойства перекиси водорода» и понял: это как раз то, что мне остро необходимо в моей работе. Наша кафедра и хирургическое отделение специализируются на гнойно-воспалительных заболеваниях (варикозное расширение вен, и облитерирующий эндартериит, и так называемая диабетическая стопа — нога с поражением периферической сосудистой системы вследствие атрофии тканей, хронически лишенных кислорода). Незаживающие трофические язвы и зачастую неизбежная ампутации конечности — вот нередкий исход заболевания...

Свойство перекиси водорода насыщать ткани недостающим кислородом вдохнуло надежду: возможно, это простое и доступное средство — как раз то, что мы так давно и безуспешно искали... Мы начали вводить перекись внутривенно и в бедренную артерию. Для достижения положительных результатов строго соблюдали два условия: перекись имела низкую концентрацию — 0,12% и скорость введения не превышала 14–15 мл/мин. При таких ограничениях такая процедура оказывается совершенно безопасной.

— Простите, Вениамин Арсеньевич, но некоторые ваши коллеги считают эту методику варварской: мало того, что перекись водорода сама по себе почти яд, так ведь выделяющийся кислород грозит закупорить кровеносный сосуд. Не боялись так рисковать?

— А никакого риска не было. В малых концентрациях порой даже страшный яд становится безвредным. При медленной же инъекции пузырьков не образуется — весь кислород успевает всасываться «голодными» тканями. Полная безопасность процедуры — разумеется, при грамотном и аккуратном ее выполнении — доказана столь многократно, защищена патентами, распространяется при нашей активной помощи по регионам, что у моих оппонентов просто не осталось аргументов для отстаивания скепсиса.

Эффектов позитивного воздействия перекиси сразу несколько. Насыщаясь кислородом, «голодные» клетки спасаются от некроза, исчезают боли, порой мучительные, улучшаются обменные процессы, вследствие чего у диабетиков снижается примерно вдвое потребность в инсулине и других сахароснижающих препаратах. В нашем отделении благодаря новой методике уменьшилось количество ампутаций, а в тех случаях, когда они неизбежны, сократилась зона ампутаций.

— Понятно, что вводить перекись внутривенно могут только обученные специалисты в условиях клиники. Но как вы, детально изучив свойства перекиси, относитесь к идее Неумывакина предлагать ее прием широко, при многих заболеваниях?

— Отношусь крайне положительно... Как врач я понимаю, что при ишемии, стенокардии, атеросклерозе давать больным перекись в виде капель очень разумно: ведь всасывание начинается сразу же с языка. Но проблема в том, что перекись водорода имеет копеечную стоимость, а наша фармакология создала целую индустрию производства дорогостоящих противоишемических и противоаритмических препаратов. От огромных прибылей так просто не отказываются...»

Далее корреспондент пишет:

Раскрыла мне секреты этой методики исполнительный директор медицинского центра «Лайф» Эльмира Хамитовна Поздеева, врач-гирудо- и фитотерапевт, акушер-гинеколог. Интересно, что свое умение лечить болезни с помощью перекиси водорода она получила не у Неумывакина и Ситникова, а у Александра Тимофеевича Огулова — еще одного энтузиаста, руководящего в Москве обучающим центром, в программе которого в том числе и эта методика.

... Начала, как водится, с себя. Лишь убедившись в устойчивом положительном эффекте, стала рекомендовать пациентам... На себе пытливый доктор, конечно же, испытывала и более высокую дозу – 1 ст. ложку на стакан воды. Это, считает Поздеева, оправданно в острых случаях. Например, навалилась простуда — тотчас следует ее изгонять ударной дозой перекиси. При этом может появиться ощущение дискомфорта в желудке, жжение слизистой. Но спустя 3–4 дня ничего этого не остается. Зато исчезает вздутие живота, нормализуется стул, появляется ощущение легкости, чистоты в теле, умственное просветление...

Эти публикации я привожу из-за того, что после выступления Е. Малышевой по первой программе телевидения не только в редакцию ЗОЖ, но и в другие редакции, на радио стали обращаться люди с вопросом, как им быть: принимать перекись или нет. К примеру, В. Кашин, обращаясь в АиФ «Здоровье» от 9.04.2005 пишет: «Напишите правду о перекиси водорода. У нас ее вся деревня пьет по совету профессора Неумывакина». В своем ответе АиФ «Здоровье» пишет:

Вообще-то врачи используют перекись водорода для дезинфекции ран, а женщины — чтобы превратиться в блондинок. По теории Ивана Неумывакина, если каждый день пить 3%-ную перекись водорода, внутренние ткани будут насыщаться кислородом и это помогает организму бороться с любыми инфекциями, повысит иммунитет, защитит от рака и избавит от депрессии.

Как нам объяснил зам. директора по науке НИИ молекулярной медицины ММА им. И. М. Сеченова, доктор биологических наук, профессор Всеволод Киселев, перекись водорода не может обогатить кислородом кровь, хоть пей ее, хоть в нос закапывай, хоть компрессы ставь. Если какому-то человеку кажется, что ему помогает, так в этом нет ничего удивительного. Некоторые «лечатся» ртутью, и им тоже становится лучше, вот только надолго ли? Это называется «эффект плацебо». Любое лекарство, прежде чем попасть в аптеки, проходит через плацебоконтролируемое исследование: половина больных получают препарат, а половина «пустышку». У 35% даже тяжелых пациентов улучшение наступает... от глотания мела. В случае с перекисью водорода тот же феномен.

Что на это высказывание могу сказать? Е. Малышева — только кандидат медицинских наук и, в основном проводя свои передачи по подготовленным сценариям, может и не знать всей тонкости физиологии, как и многие врачи узкой специализации. А вот профессору, да еще молекулярной медицины, ничего не знать о мощном резервном механизме иммунной системы и в частности о перекиси водорода непростительно.. Можно только себе представить, с каким багажом знаний из этой академии выходят врачи!

А вот такие врачи, как профессор В. А. Ситников, сразу поняв механизм действия перекиси водорода, в отличие от профессора В. Киселева, рассуждающего о том, чего он просто не знает, не боятся взять на себя ответственность и смелость использовать давно забытое старое, что уже известно более ста лет, так как они понимают, что будущее медицины — это симбиоз официальной и народной медицины (из которой, кстати, вышла официальная медицина), плюс глубокое знание физиологических процессов, происходящих в организме.

К сожалению, по-прежнему, очень многие медики, привыкшие лечить по утвержденным методикам, не хотят мыслить самостоятельно: ведь так удобнее и фактически ни за что не отвечаешь. Но навязать дорогие, да еще сомнительного качества биодобавки или непроверенные заморские лекарства, дабы заработать свой процент от их реализации, это — пожалуйста.

Есть у меня друг, интересный человек, Иван Савельевич Бединский, обладающий удивительной способностью своей духовной сущностью входить в энергоинформационное поле Вселенной и получать оттуда необходимую информацию, да еще в стихотворной форме. Говорю: «Иван Савельевич, поговори со своими приятелями в том мире, пусть они сформулируют то, что беспокоит меня, например, почему, вместо отстаивания программ по оздоровлению нации на государственном уровне, люди, ответственные за это, способствуют тому, чтобы в стране было больше аптек, заваленных химическими лекарствами, да еще сомнительного зарубежного производства, которые не лечат, а еще больше вгоняют больных в состояние, из которого только один путь — на тот свет? Почему страна, имеющая богатейшие возможности, по состоянию здоровья нации занимает одно из последних мест в мире? Пожалуйста, обсуди все это со своими помощниками в потустороннем мире и сообщи мне».

Через 15 минут междугородний звонок. Снимаю трубку — на проводе Донецк, Иван Савельевич. Говорит мне: «Иван Павлович, записывайте то, что сейчас у меня выдал мозг, только некоторые слова мне незнакомы, но Вы, может быть, их знаете». И диктует мне:

Свет и зеркала

О, сколь велик ты, разум
человека:
Что ни квартал, то новая
аптека.

Н. Заболоцкий

Мир озарил Могучий Свет,
В нем зерна мудрости посеял,
Людей избавил от тенет,
Туман невежества развеял.

Россию знаний окропил
В сознанье добрых зерен всходы,
И показал, и научил,
Как брать здоровье от Природы.
Но всполошились зеркала,
И вместо света отраженья
Звонят во все колокола
Сатрапы светопреломленья.*

И как грибы в лесу растут
Сверхсовременные аптеки.
Дерьмо заморское везут
Крутые бизнес-человеки.

---

* Сатрап — деспотический администратор, самодур.

Догм отмирающих оскал
Грех ятрогений сделал нормой.*
В России — власть кривых зеркал
С её уродливою формой.

И. Бединский

---

* Ятрогения — от греч. «ятрос» – «врач» и греч. «генао» — «порождаю». Болезненное состояние или даже заболевание, возникающее как реакция на неправильно истолкованные больным слова или поведение врача, прочитанную медицинскую литературу и т. п. Не зря говорится: слово и лечит и калечит. К примеру, при онкологии: одни врачи считают больному надо говорить правду, другие – не надо этого делать. Происходит это потому, что, по мнению большинства врачей, любая онкология, гепатит С и т. п. болезни неизлечимы. И, услышав такой диагноз, больной обычно впадает в транс, в зависимость от лекарств. На самом деле эти болезни – состояние, из которого при мобилизации собственных сил и направленности сознания можно избавиться, о чем вы узнаете дальше из книги.

О ФИЗИОЛОГИЧЕСКИХ ОСОБЕННОСТЯХ ДЫХАНИЯ

Из 57 лет врачебной, в том числе 40 лет научной деятельности, вопросами дыхания я занимался в общей сложности более 15 лет. Достаточно сказать, что первая моя научная студенческая работа, выполненная на кафедре физиологии у профессора Г. П. Конради (1946), была посвящена роли углекислоты в регуляции газообмена. В период с 1959 по 1964 годы я занимался вопросами разработки методов и средств съема физиологической информации с космонавтов во время полета и передачи ее по телеметрическим каналам. Так была создана серия приборов по изучению функции внешнего дыхания, что стало основой моей кандидатской диссертации. Например, созданный портативный сухой спирометр позволял получать данные о состоянии легких в таких условиях, в которых с помощью существовавших тогда приборов сделать это было невозможно. Мой научный руководитель академик Б. Е. Вотчал сказал: «Не сомневаюсь, что Ваша дальнейшая жизнь будет связана с проблемами дыхания. Обратите при этом внимание на то, что в организме есть громадная резервная сила, без которой была бы невозможна наша жизнь, — это перекись водорода».

В 1964 году мне была поручена работа, связанная с созданием средств и методов оказания медицинской помощи космонавтам при полетах различной продолжительности. К этой проблеме с помощью тогдашнего министра здравоохранения Б. В. Петровского и его первого заместителя А. И. Бурназяна

Портативный сухой спирометр

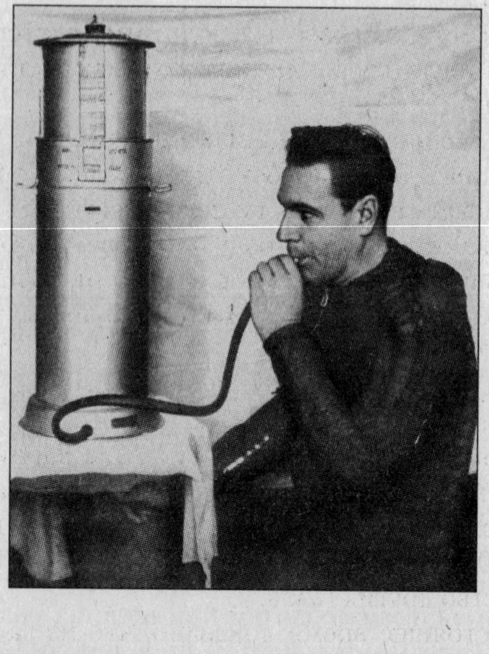

И. П. Неумывакин проверяет жизненную емкость легких с помощью водяного спирометра в высотно-компенсирующем костюме, 1960 г.

были привлечены десятки профильных институтов страны, которые в дальнейшем помогли мне разобраться и с вопросами дыхания.

Для того чтобы разобраться в механизме дыхания, от которого фактически зависит наша жизнь, необходимо понять, в упрощенном, конечно, виде, хотя бы следующее:

- как происходит газообмен в организме и какую роль выполняют газы, входящие в состав атмосферы воздуха;
- от чего зависит кислотно-щелочное равновесие или окислительно-восстановительные процессы, являющиеся основой нашего здоровья;
- где находится сердце (о чем даже многие врачи не знают);
- каков механизм работы и роль иммунной системы, в том числе и перекиси водорода как составной ее части.

Итак, основу нашей жизни составляют воздух, вода и пища. Конечно, без этих факторов организм существовать не может, но если посмотреть по степени важности, то без воздуха человек может жить не больше 3–5 минут (после чего наступают необратимые процессы), без воды от 3 до 7 суток, без пищи 30 и более дней.

Прежде всего уточним, чем мы дышим. Общее давление в организме, так же как и в атмосфере, составляет 760 мм ртутного столба, а парциальное (частичное) давление распределяется так: азота — 600 (около 79%), кислорода — 159 (21%), углекислого газа — 0,01–0,03%, аргона — 1% и незначительное количество других газов.

В настоящее время доказано, что из-за загазованности, задымленности воздуха, особенно наших городов, в том числе из-за неразумного поведения человека (курение и т. п.), кислорода в атмосфере содержится почти на 20% меньше, что является настоящей опасностью, вставшей в полный рост перед человечеством. Почему возникает вялость, чувство усталости, сонливости, депрессии? Да потому, что организм недополучает кислород. Вот почему в настоящее время все большую популярность приобретают кислородные коктейли, как бы восполняющие эту недостачу. Однако кроме временного эффекта это ничего не дает. Что же остается человеку делать?

Г. С. Титов проверяет жизненную емкость легких с помощью портативного сухого спирометра, 1961 г.

В таблице показано, в каком равновесном соотношении друг с другом должны находиться в организме газы; нарушение этого равновесия чревато своими последствиями, но назначение их — разное.

Газовый состав организма, %

Газ	Атмосфера	Легкие	Артериальная кровь	Венозная кровь	Ткань
Азот	79	79	79	79	79
Аргон	1	1	1	1	1
Кислород	21	13–14	10–12	4–4,4	4,5–5
Углекислый газ	0,01–0,03	6–7	6–6,5	6–7	6,5–7,5

Азот

Что касается роли азота в процессе дыхания, то она сводится к следующему. В настоящее время доказано: в организме азот усваивается специальными микроорганизмами, находящимися в трахеобронхиальном отделе легких и в кишечнике, как и в почве — бактериями. Оказывается, азотсодержащие соединения в организме животных и человека могут разлагаться до молекулярного азота и его даже можно выдыхать больше, чем вдыхать. Получается, что мы не только дышим азотом, а питаемся им, только не атмосферным, а связанным, белковым.

Если раньше азот считали инертным газом, то теперь американские ученые установили, что в двигателе внутреннего сгорания при температуре свыше 1000 °C азот воздуха, соединяясь с кислородом, образует оксиды азота (вещества, обладающие довольно высокой химической активностью). Если представить, что по такому же механизму процесс происходит в организме (Г. Петракович), то синтез в нем активных соединений азота в принципе становится возможен, а химикам известно, что в водных растворах (кровь) оксиды азота преобразуются в нитраты, а затем в аминокислоты — основу создания белковых структур. Известно мнение ряда исследователей, считающих, что первичная молекула белка образовалась из азота воздуха при воздействии электрических разрядов и высоких температур.

Вот вам и термоядерный реактор организма, о котором все чаще стали говорить, но не могли только объяснить. Становится понятно, почему в ряде случаев спортсмены при определенном режиме питания не теряют вес после марафона, а даже его увеличивают.

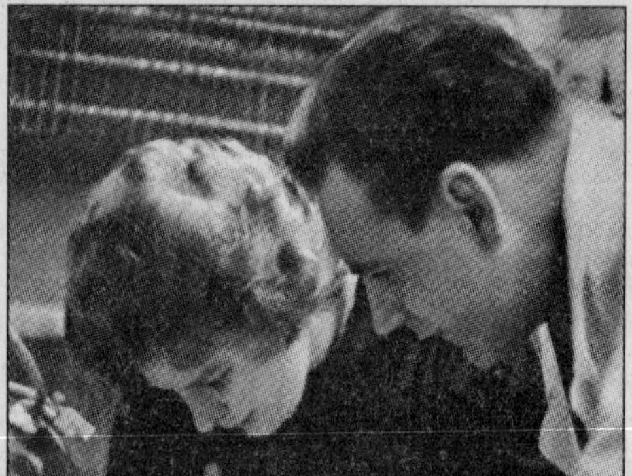

И. П. Неумывакин с В. В. Терешковой перед проведением эксперимента в сурдокамере («комната тишины»), 1962 г.

Б. В. Петровский и И. П. Неумывакин вспоминают, как создавали «космическую» больницу, 2001 г.

Подобное отмечала и Г. С. Шаталова, рассказывая, что после многодневных переходов по пескам Каракумов у участников похода при незначительном по калорийности питании вес оставался неизменным или даже увеличивался.

Чтобы в дальнейшем повествовании не затерялся указанный в таблице газ **аргон**, на который, как правило, никто не обращает внимания, следует сразу сказать о нем несколько слов. Как доказали занимающиеся разработкой систем жизнеобеспечения космических кораблей В. Смолин, Б. Павлов и др., этот газ повышает резистентность (сопротивляемость) организма при повышенном недостатке кислорода (гипоксическая гипоксия) по отношению к азоту, как при нормальном, так и повышенном давлении, а также при компрессии и декомпрессии. Указанная работа открывает заманчивые перспективы не только для будущих космических полетов, но и для здравоохранения в целом (составление смесей кислорода с аргоном, гелием, ксеноном, криптоном для лечения различных заболеваний).

Кислород

В Природе кислород существует в нескольких видах: молекулярный — в атмосфере, в организме — атомарный, получаемый из перекиси водорода, и озон, существующий в Природе, особенно после грозы, у моря, водопадов и в незначительном количестве в организме. Помимо этого имеются еще изотопы кислорода O^{17}, O^{18}, и хотя их ничтожно мало, они могут вносить свой вклад в биопроцессы организма, за счет своей большой энергетики. Есть интересные данные статистики: что многоплодность и рождение уникальных детей связаны с высокой энергетикой и образованием этих изотопов при слишком активном половом акте, и наоборот, рождение детей с болезнью Дауна чаще наблюдается у возрастных пар из-за недостатка энергии (кислорода) в половых средах.

(Кстати, правильнее было бы говорить «молекульный» и «атомный» кислород вместо принятых терминов «молекулярный» и «атомарный». Ведь не говорят же «атомарная бомба»).

В действительности, молекулярный кислород работать не может: он благодаря биохимическим процессам превращается в, как принято называть, атомарный кислород, который и является конечным звеном реакции, как и озона, и перекиси водорода. Сейчас все более модной становится так называемая «озонотерапия», по поводу которой уже проведено три конгресса. На самом деле как таковая это не озонотерапии. Озон — это токсическое вещество, и чтобы использовать его применительно к человеку, необходима определенная его концентрация, а в организме он мгновенно превращается в атомарный кислород, иначе: в организме работают только атомы кислорода (атомарный кислород). Итак, работают все виды кислорода, правда, с разными энергиями, но конечным звеном в цепи окислительных процессов является атомарный кислород. Посему название «озонотерапия», очевидно, используется для привлечения внимания как бы к новому методу лечения, на самом деле – это работает кислород, и метод этот правильнее назвать «кислородотерапия».

Механизм зарождения жизни на Земле остается до сих пор загадкой, но большинство исследователей сходятся в том, что ее атмосфера состояла в основном из углекислого газа и появившиеся растительные организмы нашли в этом веществе неограниченные возможности для фотосинтеза, в ходе которого из углекислого газа и воды возникли органические соединения и свободный кислород, являющийся основой жизни биосферы. Одновременно при воздействии высоких температур электрических разрядов азот воздуха, соединяясь с кислородом, образовывал оксиды азота — вещества, обладающие довольно высокой химической активностью, — в результате чего появились первичные молекулы белка. Химикам известно, что в водных растворах той же крови оксиды азота могут преобразовываться в нитраты, а затем в аминокислоты, без чего невозможна жизнь.

Так как фотосинтез в воде идет гораздо активнее, чем на суше, то в результате этого процесса, включающего углекислый газ, кислород, азот, озон, сложилась определенная пропорция газов в атмосфере, которая не меняется многие миллионы лет: 79% азота, 21% кислорода, 1% аргона, 0,033% углекислого газа.

Все больше отдаляясь от физиологических основ жизни, ученые, занимаясь человеком, до сих пор не раскрыли истинной сути жизни самой клетки: что лежит в основе ее жизненных процессов. Подмена же основ Природы, заложенных в организме, химическими методами, ослабляющими его защитные резервные механизмы, способствует появлению все более тяжелых заболеваний и сокращению жизни человека.

Так сложилась моя судьба, что, занимаясь научно-практической деятельностью с 1960-х годов и поисками методов лечения якобы неизлечимых болезней, я постоянно задавался вопросом: каковы природные механизмы, которые в течение жизни человека могут не допустить никаких болезней без применения химических средств. Во-первых, практически это означало поиск первопричины болезней, устранив которые можно не только предупредить их возникновение, но и избавиться от них.

Во-вторых: известно, что кислорода в организме около 65% и без него не может происходить ни одна биохимическая и энергетическая реакция. В чем же универсальность, а главное, каков механизм его действия и есть ли ему замена? Тем более что с возрастом генерация кислорода по многим причинам (ограничение подвижности, зашлакованность организма и т. п.) значительно уменьшается. При исследовании механизма биопроцессов было установлено, что в организме идет постоянный процесс образования клетками иммунной системы, да и не только ими, а, например, теми же кишечными палочками, перекиси водорода и озона из воды и молекулярного кислорода, которые, распадаясь, выделяют атомарный кислород. А без него клетка мертва!

Следовательно, роль молекулярного кислорода в организме человека сводится к образованию атомарного кислорода, который и обеспечивает окислительно-восстановительные процессы, происходящие в клеточных структурах, и поддержание здоровья на клеточном уровне. Нарушение этого процесса и есть первопричина всех болезней.

Отсюда возникает третий вопрос: как и что надо делать, чтобы предотвратить такое нарушение без использования химических лекарственных средств, с помощью которых можно устранить только следствие болезни, а не первопричину. Учитывая, что атомарный кислород вырабатывается в самом организме из воды и молекулярного кислорода через перекись водорода и озон, было решено при нарушении этого природного механизма, наблюдаемого при возникновении любого заболевания или снижении с возрастом своих резервных возможностей, использовать такое химическое вещество, как перекись водорода: наружно, перорально, в клизмах и даже внутривенно. Результаты не заставили себя ждать, тем более что методика применения перекиси водорода элементарно проста и, что не менее важно, практически ничего не стоит.

В-четвертых, нельзя ли более эффективно воздействовать на организм, используя естественный физиологичный способ энергетической подпитки с помощью ультрафиолетовых лучей не только путем внешнего облучения, но и использования внутривенно. В течение более 15 лет велся поиск спектра ультрафиолетовых лучей, на котором работает каждая клетка, это особенно важно потому, что при воздействии ультрафиолета образуется озон, который в организме мгновенно превращается в атомарный кислород. Было определено время воздействия, спектр ультрафиолетовых лучей, количество облучаемой крови для достижения необходимого эффекта, в результате чего было разработано устройство «Гелиос-1» для использования в медицине, «Гелиос-2» — в ветеринарии и машина МУФОР — в сельском хозяйстве.

Оказалось, что ультрафиолетовое облучение, воздействуя на кровь, способствует более быстрому превращению молекулярного кислорода в атомарный, при этом дополнительно образуя озон, также мгновенно превращающийся в атомарный кислород, оказывающий свое поразительное действие по нормализации нарушенных биоэнергетических процессов. Вначале методика, конечно, проверялась и отрабатывалась на животных — крупном рогатом скоте. Например, у коров высокопроизводительных пород, особенно закупаемых за рубежом, из-за плохих условий содержания быстро развивалась гниль копыт, с которой невозможно было справиться. После одной-двух процедур облучения заболевание проходило. Новорожденные ослабленные телята становились бодрыми и обгоняли своих сверстников в росте и весе и многое другое. В дальнейшем клинические испытания, проведенные в ведущих лечебных учреждениях страны, подтвердили высокую эффективность лечебно-профилактического использования предложенного устройства практически при любых заболеваниях.

Кислород является самым распространенным элементом на Земле. В атмосфере его около 21%, в составе воды — около 89%, в человеческом организме — около 65%.

Свободный кислород почти исключительно содержится в атмосфере, и его количество оценивается в 10^{15} тонн. Это ***молекулярный кислород***, составляющий основу всех биохимических процессов на Земле. В современную геологическую эпоху круговорот кислорода связывают главным образом с углеродом и водородом. Например, в состав белков кроме углерода (50–55%), кислорода (19–24%), водорода (6,5–7,5%) в микродозах входят и другие элементы (фосфор, железо, сера, медь и т. п. – почти полтаблицы Менделеева), от электролитного баланса которых зависит нормальная работа клеток. Но огромное значение в этой системе все-таки имеют кислород и углекислота.

Кислород является окислителем для сжигания поступающих в организм веществ. Что происходит в организме, в частности в легких, при обмене газов? Кровь, проходя через легкие, насыщается кислородом. При этом сложное образование — гемоглобин — переходит в оксигемоглобин, который вместе с питательными веществами разносится по всему организму. Кровь при этом становится ярко-красной. Вобрав в себя все отработанные продукты обмена веществ, кровь уже напоминает сточные воды. В легких, в присутствии большого количества кислорода, продукты распада сжигаются, а излишняя углекислота удаляется.

Когда организм зашлакован при различных болезнях легких, курении и т. п. (при которых вместо оксигемоглобина образуется карбоксигемоглобин, фактически блокирующий весь дыхательный процесс), кровь не только не очищается и не подпитывается необходимым кислородом, но и возвращается в таком виде к тканям, и так задыхающимся от недостатка кислорода. Круг замыкается, и где произойдет поломка системы — дело случая.

С другой стороны, чем ближе к Природе пища (растительная), подвергнутая лишь незначительной термической обработке, тем больше находится в ней кислорода, освобождаемого при биохимических реакциях. Хорошо питаться — это не значит переедать и все продукты сваливать в кучу. В жареных, консервированных продуктах кислорода вообще нет, такой продукт становится «мертвым», а потому для его обработки требуется еще большее количество кислорода.

Но это только одна сторона проблемы.

Работа нашего организма начинается с его структурной единицы — клетки, где есть все необходимое для жизнедеятельности: переработки и потребления продуктов, превращения веществ в энергию, выделения отработанных веществ. Однако процесс получения энергии и использование ее в клетке продолжает рассматриваться современной наукой с точки зрения химических законов, согласно которым скорость протекающих реакций не должна превышать $1 \times 10^6\ с^{-1}$. Последнее означает, что в живой клетке не может быть квантовых взаимоотношений, протекающих с огромными скоростями. Вместе с тем имеется много данных, что процессы биоокисления у нас заканчиваются не образованием аденозинтрифосфорной кислоты (АТФ), а возникновением высокочастотного электромагнитного поля и ионизированного протонного излучения.

Оригинальное мнение по этому поводу с точки зрения биофизических процессов, происходящих в организме, высказал блестящий хирург Божьей милостью Георгий Николаевич Петракович. Как он доказал, клетка способна даже вырабатывать кислород и энергию за счет свободнорадикального окисления насыщенных жирных кислот. Но для этого она должна получить энергетическое возбуждение, которое обеспечивается эритроцитами крови.

Известно, что молекула эритроцита имеет отрицательный заряд. Вырабатываемый в процессе биоэнергетической реакции в мембране эритроцита электрон захватывает входящий в состав гемоглобина атом железа — в этом причина того, что в циркулирующей крови железо всегда двухвалентно. Другая часть «наработанных» электронов расходуется на заряд всего эритроцита. Величина этих зарядов у разных эритроцитов разная в зависимости от их возраста и нормального состояния. Удивительно, что имеющий диаметр в 3–4 раза больше капилляра, эритроцит все-таки проходит по нему. Дело в следующем.

Под давлением крови в капиллярах, как в очереди, собираются «монетные столбики» (под микроскопом они действительно напоминают сложенные столбиками монетки) эритроцитов. Так как они имеют форму двояковогнутой линзы, то в пространстве между ними в легких находится жировоздушная смесь, а в клетках — кислородно-жировая пленка. В аэробных (кислородных) условиях свободнорадикальное окисление насыщенных жирных кислот клеточных мембран происходит как обычное горение, в результате чего образуется вода, углекислый газ и тепло. Помимо этого, в анаэробных условиях (недостаток кислорода) здесь же происходит реакция с образованием кетоновых тел (ацетон, альдегиды), спиртов, в том числе этилового, происходит омыление жиров поверхностно-активных веществ, так называемых сурфактантов.

Так вот, при создании давления в капиллярах между эритроцитами происходит взрыв-вспышка, как в двигателе внутреннего сгорания. Свечой здесь служит атом железа, переходящий из двухвалентного в трехвалентный, а если учесть, что в состав одной молекулы гемоглобина входит только 4 атома железа, а их в одном эритроците около 400 миллионов, то можете себе представить, какова сила взрыва. Но это не приносит вреда, так как все происходит на молекулярном, атомарном уровне и в малом пространстве.

Физики доказали: на движущуюся в электромагнитном поле заряженную частицу действует сила

Лоренца, которая закручивает траекторию движения, в частности эритроцита, расширяя при этом микрокапилляры и заставляя его протискиваться в отверстие, которое в 3–4 раза меньше самого эритроцита. Эта сила тем мощнее, чем выше заряд эритроцита и мощнее магнитное поле, за счет чего улучшаются обменные процессы в тканях и быстрее устраняются патологические процессы.

Под влиянием вспышки в легких происходит стерилизация воздуха, выделяется вода, поддерживается температура тела. В момент остановки «монетного столбика» и сжатия эритроцита в капилляре в результате взрыва происходит выброс электронной и тепловой энергии и свободнорадикальное окисление продуктов с помощью кислорода, находящегося в межтканевой жидкости. При этом освобождаются «окна» в мембранах клеток, куда устремляется натрий (за счет разницы концентрации вне и внутри клетки), протаскивая за собой кислород, воду и все растворенные в ней вещества.

Но самым главным в этом процессе является то, что концентрации молекулярного кислорода и углекислоты должны быть в пределах величин, приведенных в таблице. Если кислорода больше, конечно, за счет уменьшения углекислоты, то наступает спазм капилляров, что приводит к нарушению обеспечения тканей всем необходимым и удаления отходов, то есть наступают вначале функциональные, а затем и патологические изменения.

Так как клеткам практически всегда не хватает кислорода, человек начинает глубоко дышать, но излишек атмосферного кислорода — это не благо, а причина образования тех же свободных радикалов. Возбужденные от недостатка кислорода атомы клеток, вступая в биохимические реакции со свободным молекулярным кислородом, как раз способствуют образованию свободных радикалов, имеющих на своей орбите неспаренный электрон.

Свободные радикалы

Свободные радикалы всегда имеются в организме, и их роль заключается в том, чтобы поедать патологические клетки, но так как они очень прожорливы, то при увеличении их количества они начинают поедать и здоровые. При глубоком дыхании в организме кислорода становится больше, чем надо, и он, выдавливая из крови углекислоту, не только нарушает равновесие в сторону ее уменьшения, что приводит к спазму сосудов — основе любого заболевания, но и образованию еще большего количества свободных радикалов, в свою очередь усугубляющих состояние организма. Именно для этого в организме существует еще одна система, связанная с кислородом, — это *перекись водорода*, образуемая клетками иммунной системы, и озон, — которая при разложении выделяет атомарный кислород и воду.

Атомарный кислород как раз является одним из самых сильных антиоксидантов, устраняющих кислородное голодание тканей, но и, что не менее важно, уничтожает любую патогенную микрофлору (вирусы, грибы, бактерии и т. п.), а также излишек свободных радикалов.

Углекислота

Это второй по значимости после кислорода важнейший регулятор и субстрат жизни. Углекислота стимулирует дыхание, способствует расширению сосудов мозга, сердца, мышц и других органов, участвует в поддержании необходимой кислотности крови, влияет на интенсивность самого газообмена, повышает резервные возможности организма и иммунной системы.

На первый взгляд кажется, что мы дышим правильно, но это не так. На самом деле у нас разрегулирован механизм кислородообеспечения клеток из-за нарушения соотношения кислорода и углекислого газа на уровне клеток. Дело в том, что, по закону Вериго, при нехватке в организме углекислого газа кислород с гемоглобином образуют прочную связь, что препятствует отдаче кислорода тканям. Известно, что только 25% кислорода поступает в клетки, а остальной возвращается обратно в легкие по венам. Почему так происходит? Проблема в углекислом газе, который в организме образуется в огромном количестве (0,4–4 л в минуту) как один из конечных продуктов окисления (наряду с водой) питательных веществ. Причем, чем больше человек испытывает физических нагрузок, тем больше производится углекислого газа. На фоне относительной обездвиженности, постоянных стрессов обмен веществ замедляется, что вызывает снижение выработки углекислоты.

Волшебство углекислого газа заключается в том, что при постоянной физиологической концентрации в клетках он способствует расширению капилляров, при этом кислорода больше поступает в межклеточное пространство и потом путем диффузии в клетки. Следует обратить ваше внимание на то, что каждая клетка имеет свой генетический код, в котором расписана вся программа ее деятельности и рабочие функции. И если клетке создать нормальные условия снабжения кислородом, водой, питанием, то она будет работать заложенное Природой время. Фокус заключается в том, что дышать надо реже и неглубоко и на выдохе делать больше задержек, тем самым способствуя поддержанию количества углекислого газа в клетках на физиологическом уровне, снятию спазма с капилляров и нормализации обменных процессов в тканях.

Надо запомнить и такое важное обстоятельство: чем больше кислорода поступает в организм, в кровь, тем хуже для последнего из-за опасности образования перекисных соединений. Природа хорошо придумала, дав нам избыток кислорода, но с ним обращаться надо осторожно, ибо избыток кислорода — это увеличение количества свободных радикалов. Например, в легких кислорода должно содержаться столько же, сколько его находится на высоте 3000 м над уровнем моря. Это оптимальная величина, превышение которой ведет к патологии.

Почему, например, горцы живут долго? Конечно, экологически чистая еда, размеренный образ жизни, постоянная работа на свежем воздухе, чистая свежая вода — все это важно. Но главное в том, что на высоте до 3 км над уровнем моря, где находятся горные селения, процент содержания в воздухе кислорода сравнительно снижен. Так вот, именно при умеренной гипоксии (нехватке кислорода) организм начинает экономно его расходовать, клетки находятся в режиме ожидания и обходятся жестким лимитом при нормальной концентрации углекислого газа. Давно ведь замечено, что пребывание в горах значительно улучшает состояние больных, особенно с легочными заболеваниями.

В настоящее время большинство исследователей считают, что при любом заболевании возникают нарушения в дыхании тканей, и в первую очередь, за счет глубины и частоты вдохов и избытка парциального давления поступающего кислорода, что снижает концентрацию углекислоты. В результате этого процесса включается мощный внутренний замок, возникает спазм, который только на короткое время снимается спазмолитиками. Действительно эффективной же в этом случае будет просто задержка дыхания, что уменьшит поступление кислорода и тем самым снизит вымывание углекислоты, с увеличением концентрации которой до нормального уровня снимется спазм и восстановится окислительно-восстановительный процесс. В каждом заболевшем органе, как правило, находят парез нервного волокна и спазм сосудов, то есть болезней без нарушения кровоснабжения не существует. С этого начинается самоотравление клетки из-за недостаточного поступления кислорода, питательных веществ и малого оттока продуктов обмена, или иначе: любое нарушение работы капилляров — первопричина многих заболеваний. Вот почему нормальное соотношение концентрации кислорода и углекислоты играет такую большую роль: с уменьшением глубины и частоты дыхания нормализуется количество углекислоты в организме, тем самым снимается спазм с сосудов, раскрепощаются и начинают работать клетки, уменьшается количество потребляемой пищи, так как улучшается процесс ее переработки на клеточном уровне.

О тесной взаимосвязи кислорода с углекислым газом можно судить по гипоксической пробе, разработанной выдающимся натуропатом, профессором А. Т. Огуловым. Суть пробы заключается в том, что при недостаточности поступления в мозг кислорода можно добиться разблокировки многих явлений, из-за чего человек испытывает страхи, различные невротические реакции, негативное влияние (порча, сглаз), даже расстройства нервной системы.

Сначала после 20 приседаний пациенту нажимают на верхнюю часть живота в районе диафрагмы. Затем пережимают сонные артерии, в результате чего пациент в течение нескольких секунд теряет сознание.

Характерно, что при этом у пациента отмечаются непроизвольные, конвульсивные движения, крики, необычные реакции, о чем он впоследствии не помнит, так как сознание его было выключено. Но за это время, как в калейдоскопе, перед глазами пациента проходит вся его жизнь, и из его подсознания, где хранится вся информация, устраняется негативная, которая влияет на все жизненные процессы в настоящее время (неудачи, страхи, неуверенность, мнительность и многое другое). Конечно, эту процедуру может проводить только врач, знакомый с этой методикой. Противопоказана она больным гипертонией 2–3-й степени, выраженным атеросклерозом и др.

Вот почему роль углекислого газа так огромна, ибо, поддерживая его концентрацию на физиологическом уровне, можно добиться многого: снять внутренний спазм сосудов, разблокировать все внутренние «зажимы», изъять любые «занозы» в памяти и тем самым нормализовать свое состояние и избавиться от многих проблем со здоровьем.

ОБМЕН ВЕЩЕСТВ В ОРГАНИЗМЕ И ЕГО НОРМАЛИЗАЦИЯ

В написании данного и последующих разделов принимал участие видный биофизик и один из авторов ультрафиолетового облучателя «Гелиос-1» **Иван Иванович Кондратьев.**

Нарушение обменных процессов — начало заболевания

Что происходит в организме при нарушении обменных процессов, лежащих в основе начала заболеваний, в какую сторону происходит сдвиг кислотно-щелочного равновесия, который в норме должен быть в пределах 7,4±0,15?

Благодаря Солнцу, за счет излучения двух действующих потоков — фотонов и электронов — на Земле возникла жизнь двух видов: растительная (флора) и животная (фауна). Различие в том, что растительные клетки живут за счет фотосинтеза, а животные — бета-синтеза, относящегося к ядерным процессам, но с малыми энергообменами и выделением тепла. Оба эти явления синтеза основаны на способности нагретых тел излучать, главным образом, фотоны или электроны.

При бета-синтезе электроны, воздействуя на клеточные структуры, где азот также включается в ядерную реакцию, образуют собственный кислород, в том числе атомарный, идущий на образование необходимых организму в основном кислых аминокислот, сахаров, белков, жиров и т. п., которые обеспечивают нормальную работу клеток, окисление и выброс отработанных продуктов.

Причем растительная жизнь возможна только в щелочной среде, то есть в той самой, какую она и воспроизводит. Животная же жизнь, наоборот, продуцирует кислую среду и способна существовать, естественно, в кислой среде. Возникает вопрос: в какой среде больше возможности для возникновения болезненных клеток? Ведь организм человека, используя продукты животного и растительного происхождения, представляет собой систему, где все перепуталось.

В настоящее время неоспоримо доказано, что если онкологическую опухоль поместить в кислую среду, то она продолжает развиваться, а если в щелочную — она быстро погибает. Вот почему кислотно-щелочной баланс организма должен всегда находиться в пределе 7,35–7,45, который регулируется в основном кальцием, благодаря которому нейтрализуется лишняя кислотность. Если pH менее указанного предела и приближается к 6, происходит значительное закисление организма, да еще на фоне недостатка кислорода, без которого процветают как онкологические клетки, так и различные патогенные вирусы и грибы. При таком состоянии человек даже может умереть. Значит, вы должны потреблять больше пищи с нормальным pH. Если показатель продукта ниже, значит такая пища, окисляя организм, только вредит нашему здоровью.

Посмотрите, как разнятся по кислотно-щелочному показателю различные продукты животного и растительного происхождения.

Мясо	3,98
Рыба	3,76–5,78
Птица	4,34

Яйца	6,45
Крупяные изделия	5,52
Сыр	5,92
Белый хлеб	5,63
Пшеничный хлеб	4,89
Черный кофе	5,59
Чай	4,26
Пиво	6,19

Живая (не водопроводная) вода	9,5
Кукурузное масло	8,4
Соевое масло	7,9
Оливковое масло	7,5
Капуста	7,5
Картофель	7,5
Мед, хурма	7,5
Проросшая пшеница, дыня, авокадо	7,4
Морковь	7,2
Свекла	7,0
Арбуз	7,0
Салат	7,0

Если в организме недостаточно щелочных элементов, таких как кальций, кремний, магний, и большое количество органических кислот, то кислотно-щелочное равновесие смещается в кислую сторону. Как с соавторами показал в своих исследованиях А. Г. Сушанский, организм окисляется и ощелачивается примерно на 60–80%. Все дело в том, что животная пища, употребляемая не в свежем виде: переваренной, консервированной (значит, лишенной кислорода), плохо пережеванной, не переработанной разбавленным жидкостью желудочным соком (который теряет свою концентрацию, если вы запиваете пищу во время еды или пьете чай, кофе сразу после еды), — закисляет организм, создает напряжение в жидкостном «конвейере», уменьшая его текучесть и всасываемость веществ, необходимых клеткам.

В растительной же пище содержится много щелочных элементов и органических кислот, которые, разлагаясь, образуют слабые кислоты и сильные основания (щелочи) и выделяют дополнительную энергию (4 ккал). Кислоты, благодаря кальцию, разрушаются с образованием углекислоты и воды, с помощью которой выводятся шлаки и излишек использованной воды, что уменьшает отеки.

Оставшиеся в организме щелочные элементы в виде солей калия, кальция, натрия, магния, смещают кислотно-щелочное равновесие в щелочную сторону. Следовательно, даже окисленная растительная пища, что, например, советует Б. В. Болотов, всегда способствует ощелачиванию организма, а любая животная пища окисляет его, чем способствует появлению различных нарушений и болезней. Не зря Природа разумно распорядилась, что 3/4 всех продуктов в ней имеет щелочные свойства и только 1/4 — кислые, чего и должны мы все придерживаться в своем рационе, если хотим быть здоровыми. Особенно это важно для лиц пожилого возраста.

При этом необходимо учесть, что вода имеет огромное значение в поддержании кислотно-щелочного баланса на должном физиологическом уровне. Ведь организм — это своего рода кислотно-щелочной аккумулятор, то есть вода, заряженная электронами, а микроэлементы, растворенные в меж- и внутриклеточной жидкости, переносят электроны (кванты энергии) от клетки к клетке, благодаря чему мы и живем. Организм новорожденного насыщен водой на 90%, и только затем, с возрастом, количество воды в организме уменьшается до 70% и более, что и создает в организме определенные условия для заболеваний сердечно-сосудистой системы и нарушения обмена веществ. Вот почему, теряя в сутки до 1,5–2 литров жидкости, надо непременно это количество восполнить, за счет также и растительной пищи, в которой много кластерной (живой) воды и клетчатки, сорбирующей и удаляющей отработанные вещества.

Рассмотрим на примере приема алкоголя возникновение головной боли. 40-градусная водка имеет щелочную реакцию 7,4. Хмель от спиртного ударяет в голову и создает приятное ощущение, потому что закисленная внутренняя среда получает приток щелочи, практически равной показателям крови. Через некоторое время спирт в организме преобразуется в уксусную кислоту, pH которой 2,9, что отрицательно воздействует на мозг, откуда и появляется головная боль. Следует сказать, что любая головная боль объясняется окислением жидкости, в том числе в мозгу, для нормальной работы которого используется до 20% всей жидкости организма. Поэтому, чтобы устранить головную боль, не надо принимать таблетки, а надо выпить чуть подсоленной воды (почему подсоленной, вы узнаете далее).

Если рассматривать организм с точки зрения кислотно-щелочного равновесия, то любое смещение его в кислую сторону надо рассматривать как начало гниения, закисления и возникновения заболеваний. И роль кислорода в этих процессах огромна.

Роль перекиси водорода в организме

Из многочисленной почты приведу два письма.

Дорогая редакция газеты «Здоровый образ жизни»! Профессор И. П. Неумывакин советует принимать перекись водорода внутрь, а доктор Дьюк мотивированно возражает (как химик согласна с его доводами). И «куды же хрестьянину податься»? Пить или не пить? Великая просьба к профессору И. П. Неумывакину разъяснить это противоречие. Возможно, обжегшись на молоке, теперь дую на воду, но имею случаи неудачного применения советов «ЗОЖ». Может быть, есть неизвестные нам тонкости в применении этого способа оздоровления?

В. В. Митина

✉ *Уважаемый Иван Павлович!*

Вас беспокоят из областной клинической больницы г. N. Один наш пациент страдает низкодифференцированной аденокарциномой желудка IV стадии. Лежал в Московском онкологическом центре, где проводилось соответствующее лечение и откуда был выписан с прогнозом срока жизни один месяц, о чем было сказано родным. У нас в клинике больному проведено два курса эндолимфатического введения фторурацила и рондолейкина. В комплекс этого лечения мы ввели рекомендованный Вами метод внутривенного введения перекиси водорода в концентрации 0,003% в сочетании с ультрафиолетовым облучением крови. Перекись водорода вводили в количестве 200.0 физиологического раствора ежедневно № 10 и проводили облучение крови с помощью аппарата «Изольда», так как разработанного Вами устройства «Гелиос-1» у нас нет.

После проведенного нами лечения прошло уже 11 месяцев, пациент жив, работает. Нас удивил и заинтересовал данный случай. К сожалению, нам встречались публикации о применении перекиси водорода в онкологии, но только в популярной литературе и в Ваших статьях-интервью в газете «ЗОЖ». Если возможно, не могли бы Вы сообщить более подробную информацию о применении перекиси водорода. Есть ли на эту тему медицинские статьи?

Уважаемые коллеги! Должен вас огорчить: официальная медицина делает все, чтобы не видеть и не слышать, что есть какие-то альтернативные методы и средства лечения, в том числе онкологических больных. Ведь тогда пришлось бы отказаться от многих узаконенных, но не просто бесперспективных, а и вредных методов лечения, какими в случае с онкологией являются, например, химио- и радиотерапия. Виктории Вячеславовне (автору первого из приведенных писем) можно сказать, что она давно должна была бы понять — все «человеки» разные, одним помогает одно, другим — другое, о чем главный редактор «ЗОЖ» А. М. Коршунов не устает напоминать своим читателям. Универсального средства лечения для всех как не было, так и нет... если не считать перекиси водорода, особенно в сочетании с ультрафиолетовым облучением крови с помощью аппарата моей собственной модификации, о чем и пойдет речь.

Природа позаботилась, чтобы в нашем организме существовал защитный механизм, называемый иммунной системой. Ее клетки — лейкоциты и гранулоциты (разновидность лейкоцитов) — вырабатывают перекись водорода, которая при разложении образует атомарный кислород, без которого не происходит ни одна био- и энергетическая реакция. В то же время, являясь сильнейшим окислителем, она уничтожает любую патогенную микрофлору, будь то грибы, вирусы, бактерии. Не существуй этого механизма, все эти паразиты давно бы нас съели самым натуральным образом.

Следует отметить, что 3/4 клеток иммунной системы находится в желудочно-кишечном тракте, а 1/4 — в подкожной клетчатке, где расположена лимфатическая система. Многие из вас знают, что клетка снабжается кровью, куда питание поступает из кишечной системы — этого сложного механизма по переработке и синтезу необходимых организму веществ, а также удалению отходов. Но мало кто знает: если кишечник загрязнен (что бывает практически у всех больных, да и не только), то загрязняется и кровь, а следовательно, и клетки всего организма. При этом клетки иммунной системы, «задыхаясь» в этой загрязненной среде, не только не могут избавить организм от недоокисленных токсических продуктов, но и произвести в необходимом количестве перекись водорода для защиты от патогенной микрофлоры. Так что же происходит в желудочно-кишечном тракте (ЖКТ), от которого в полном смысле слова зависит вся наша жизнь?

Для того чтобы в целом проверить, как работает ЖКТ, существует простая проба:

примите 1–2 ст. ложки свекольного сока (пусть он предварительно отстоится 1,5–2 часа; если после этого урина окрасится в бурачный цвет, это означает, что ваш кишечник и печень перестали выполнять свои детоксикационные функции и продукты распада — токсины — попадают в кровь, в почки, отравляя организм в целом.

Мой более чем двадцатипятилетний опыт в народном целительстве позволяет сделать вывод, что организм — это совершенная саморегулирующаяся энергоинформационная система, в которой все взаимосвязано и взаимозависимо, а запас прочности всегда больше любого повреждающего фактора. Основополагающей причиной практически всех заболеваний является нарушение в работе желудочно-кишечного тракта, ибо это сложное «производство» по дроблению, переработке, синтезу, всасыванию необходимых организму веществ и удалению продуктов метаболизма. И в каждом его цехе (рот, желудок и т. д.) процесс переработки пищи должен быть доведен до конца.

Итак, подытожим.

Желудочно-кишечный тракт — это место дислокации:

- 3/4 всех элементов иммунной системы, ответственной за «наведение порядка» в организме;
- более 20 собственных гормонов, от которых зависит работа всей гормональной системы;
- брюшного «мозга», регулирующего всю сложную работу ЖКТ и взаимосвязь с головным мозгом;
- более 500 видов микробов, перерабатывающих, синтезирующих биологически активные вещества и разрушающих вредные.

Таким образом, ЖКТ — своего рода корневая система, от функционального состояния которой зависит любой процесс, происходящий в организме.

Зашлакованность организма — это:

- консервированная, рафинированная, жареная пища, копчености, сладости, для переработки которых требуется очень много кислорода, из-за чего организм постоянно испытывает кислородное голодание (например, раковые опухоли развиваются только в бескислородной среде);
- плохо пережеванная пища, разбавленная во время или после еды любой жидкостью (первое блюдо — еда); снижение концентрации пищеварительных соков желудка, печени, поджелудочной железы не позволяет им переварить пищу до конца, в результате чего она начинает гнить, закисляется, что также является причиной заболеваний.

Нарушение работы ЖКТ — это:

- ослабление иммунной, гормональной, ферментативной и других систем;
- замена нормальной микрофлоры на патологическую (дисбактериоз, колит, запор и т. п.);

- изменение электролитного баланса (витаминов, микро- и макроэлементов), что приводит к нарушению обменных процессов (артрит, остеохондроз) и кровообращения (атеросклероз, инфаркт, инсульт и т. д.);
- смещение и сдавливание всех органов грудной, брюшной и тазовой областей, что приводит к нарушению их функционирования;
- застойные явления в любом отделе толстого кишечника, что приводит к патологическим процессам в проецируемом на нем органе.

Не нормализовав режим питания, не очистив организм от шлаков, особенно толстый кишечник и печень, вылечить любое заболевание невозможно.

Благодаря очистке организма от шлаков и последующему разумному отношению к своему здоровью, мы приводим все органы в резонанс с заложенной Природой частотой. Тем самым восстанавливается эндоэкологическое состояние, или иначе: нарушенный баланс в энергоинформационных связях как внутри организма, так и с внешней средой. *Иного пути нет.*

Теперь поговорим непосредственно об этой удивительной особенности работы иммунной системы, заложенной в наш организм как одно из сильнейших средств борьбы с различной патогенной средой, характер которой не имеет значения, — об образовании клетками иммунной системы, лейкоцитами и гранулоцитами (разновидность тех же лейкоцитов), озона, перекиси водорода.

В последнее время и у нас, и за рубежом увеличилось количество публикаций по использованию озона, ультрафиолетового облучения и, конечно, перекиси водорода. Материалы многих публикаций, а также конференций по этим вопросам показывают повторяемость конечных результатов, независимо от метода и вида болезни. Во всех указанных случаях главным лечебным фактором, по мнению авторов, является кислород, а механизм его действия сводится к его воздействию на саму болезнь. И особенно популярна сейчас так называемая озонотерапия, которой, как я уже отмечал, в чистом виде нет. Озон получается в результате ультрафиолетового излучения и электрического разряда в воздухе или кислороде. Исследования показали, что структура молекул озона представляет собой равнобедренный треугольник с ядерным расстоянием α (00) = 1,26 ангстремов и углом при вершине 127°. Эти данные и заметная полярность молекулы озона (длина диполя 0,10А) полностью исключают принимавшуюся ранее кольцевую структуру O_3, в которой все атомы кислорода были равноценны и двухвалентны.

Вместе с тем, если рассматривать любые соединения, куда входит кислород, молекулярный ион O_2 характеризуется ядерным расстоянием α (00) = 1,28 ангстремов, а сродство электрону нейтральной молекулы оценивается в 21 ккал/моль (Касаткин В. И., 1945). Все перекиси могут считаться радикалами HO_2 или легко распадающейся на радикалы «надперекиси» водорода Н-О-О-О-О-Н. Существование нестойких HO_2 и H_2O_4 было показано Бахом А. Н. еще в 1897 году. Аналогичное строение имеют озоноиды. Сродство молекулы озона к электрону равно 77 ккал/моль, то есть примерно втрое больше, чем у молекулы кислорода. Этим самым объясняются более сильные окислительные свойства озона, чем кислорода.

Однако большое значение альфа, малые ядерные расстояния и наличие слабовыраженной полярности молекулы O_3 — все это говорит о ее электронной структуре по типу $\ddot{\underset{..}{O}} = \ddot{\underset{..}{O}} = \ddot{\underset{..}{O}}$ с четырехвалентным атомом кислорода в центре. Возникновение такой валентности требует использования двумя электронами высокого энергетического уровня 3S, что хорошо согласуется с эндотермичностью озона, и высокой активности атома и молекулы кислорода, образуемых при распаде озона.

Считаю важным лишний раз подчеркнуть, что все три способа получения кислорода (ультрафиолетовое излучение, перекись водорода, озон) имеют одну и ту же концовку — образование атомарного кислорода, который и является физиологическим стимулятором клеточных процессов, укрепляет иммунную систему, которая к тому же сама вырабатывает перекись водорода. Сам по себе озон — отравляющий газ, быстро распадающийся в жидкости и в воздухе, выделяя при этом атомарный кислород с более высоким окислительно-восстановительным потенциалом (ОВП), который и является сильным окислителем, на чем основано лечение. Таким образом, сам озон до клеток никогда не доходит, он только обеспечивает организм более активным кислородом. При заболеваниях этот механизм нарушается, так как весь активный кислород расходуется на окисление токсинов и химических лекарств, из-за чего организм еще больше входит в гипоксическое состояние и поэтому не может избавиться от болезней.

При ультрафиолетовом облучении крови (в которой содержится кислород) происходят фотохимические реакции, аналогичные реакциям при обычном фотосинтезе, в результате чего образуется озон, который мгновенно распадается (как и перекись водорода в организме), в результате чего выделяется атомарный кислород, который, в свою очередь, усиливает действие молекулярного кислорода, также превращая его в атомарный.

Помимо этого, как показали исследования, наши клетки, так же как и все клетки растительного мира, работают на ультрафиолетовом излучении определенного спектра, который как раз мы и используем в своем аппарате «Гелиос-1». Таким образом, ультрафиолетовое облучение, предложенное нами, — это, с одной стороны, подкачка недостающей энергии организму, с другой — образование озона с образованием атомарного кислорода, которого всегда, особенно при заболеваниях, не хватает.

Молекулярное строение озона O_3 описывается четырьмя изотермическими формами:

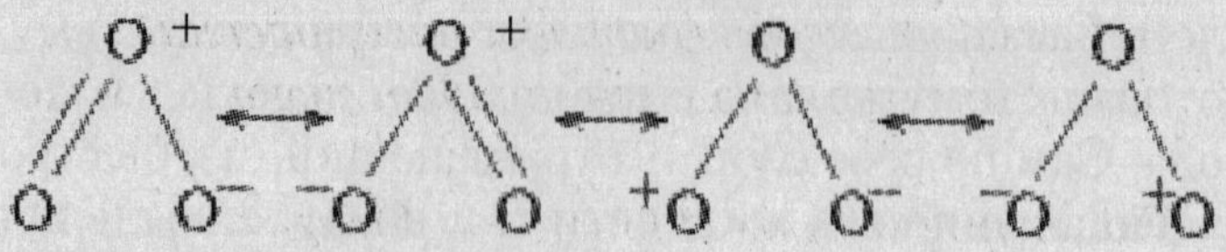

Озон получают в результате УФО-излучения и электрического разряда

$O_2 + O \leftrightarrow O_3 + 103{,}3$ кДж/моль.

Согласно структуре, озон вступает в реакцию как диполь и получается

$O_3 + O \leftrightarrows 2O_2 + 390$ кДж/моль.

Суммарное уравнение синтеза озона из кислорода с вычетом промежуточного продукта (атомарного кислорода) $3O_2 \leftrightarrows 2O_3 - 287{,}28$ кДж/моль.

Таким образом, тепловой эффект при образовании моля озона из кислорода составляет 287,28:2 = 143,64 кДж.

Человек определяет органами обоняния концентрацию озона в 0,01 мг/л, а в воздухе помещений, где работают люди, допустимо содержание озона 0,2 мг/м^3.

Физические данные молекулярного кислорода и озона

	O_2	O_3
Температура плавления	–219 °C	–250 °C
Температура кипения	–183 °C	–111 °C

	O_2	O_3
Растворимость в воде	1 объем в 20 объемах воды при 0 °С и 3 объема при 20 °С	гораздо больше, чем кислорода

Как видно, активность озона гораздо выше.

Схема действия (распада, растворения) молекулярного кислорода и озона

Молекулярный кислород	Озон
O_2	O_3
↓	↙ ↘
$2H_2O$	O_2 $\underline{O}$
↓	↓
$H_2O_2 + H_2$ (2H)	$2H_2O$
↙ ↘	↓
H_2O O	$H_2O_2 + H_2$ (2H)
	↙ ↘
	H_2O $\underline{O}$

Как вы уже знаете, кислород и вода при определенном сочетании и температурном режиме миллионы лет тому назад сформировали среду, в которой родилась биологическая жизнь. По А. П. Виноградову, 99,4% массы живого вещества состоит из следующих элементов: O_2 — 70%, С — 18%, Н — 10%, Са — 0,5%, К — 0,3%, Р — 0,07%. Хотя человечеству давно известна роль кислорода в Природе и для здоровья человека в том числе, но механизм его действия ведь до сих пор полностью не раскрыт. При разговоре о кислороде всегда речь идет о молекулярном кислороде, хотя источником жизни является атомарный кислород. Вся медицина и фармакология знают и строят свою деятельность на том, что без кислорода жизни нет. А почему и как это делает кислород, молекулы которого являются нейтральными, стараются умалчивать, так как никакие процессы в организме не происходят без переноса свободных электронов, ибо все они происходят на клеточном уровне, а это уже область биофизики. Мы с биофизиком И. И. Кондратьевым попытались восстановить статус кво атомарного кислорода, определить механизмы его действия в организме. Перекись водорода и озон — это попытка оказать помощь природному механизму, заложенному в организм, без чего он существовать просто не может.

Если это так, то что прикажете делать всей медицине и фармакологии, так как многотомные фолианты, описывающие болезни и набор химических лекарственных средств, просто будут не нужны, ибо все дело в достаточности снабжения клеток атомарным кислородом и вторым, не менее важным веществом, — водой. Вода — это самая энергоемкая жидкость, которая может максимально концентрировать энергию электронных волн, содержит все виды атомарного кислорода, поэтому она сама является лечебным средством. В воде содержится 89% кислорода, которому отдают все лавры. По этой причине я написал отдельную книгу о воде: «Вода — жизнь и здоровье: мифы и реальность», в которой освещаются вопросы значения жидкостного «конвейера» в организме, значения воды как средства, обеспечивающего клетки энергией, кислородом и необходимыми веществами и удаляющего продукты метаболизма. Особенно это относится к больным, ослабленным и пожилым людям, которые перестают ощущать потребность в воде, что само по себе уже является болезнью.

Без перекиси водорода практически в Природе ничего не происходит, она лежит в основе всех физиологических, биохимических и энергетических процессов, протекающих в организме. Например, молозиво матери и женское молоко содержат много перекиси водорода, что служит запуском работы иммунной системы ребенка. Или, к примеру, действие знаменитого интерферона основано на том, что он стимулирует выработку клетками иммунной системы перекиси водорода.

Перекись водорода является мощным регулятором доставки клетками микро- и макроэлементов, того же кальция — клеткам головного мозга и лучшей их усвояемости, а также очистки от шлаков, окисляет токсические вещества, попавшие в организм как извне, так и образовавшиеся внутри самого организма, что, в свою очередь, повышает работу так называемых простагландидов, являющихся важнейшими структурными элементами всей иммунной системы. В настоящее время доказано, что лактобактерии, живущие в толстом кишечнике, также способны вырабатывать перекись водорода. Дело в том, что все болезнетворные микроорганизмы, также и раковые клетки, могут существовать только при отсутствии кислорода. Это касается не только желудочно-кишечного тракта, но и органов малого таза, женской и мужской половых сфер и т. д. Перекись водорода образуется так:

$$2H_2O+O_2=2H_2O_2.$$

Разлагаясь, перекись водорода образует воду и атомарный кислород: $H_2O_2=H_2O+$‘O’ .

Однако на первой стадии разложения перекиси водорода выделяется атомарный кислород, который является «ударным» звеном кислорода во всех биохимических и энергетических процессах. Именно атомарный кислород определяет все необходимые жизненные параметры организма, а точнее, поддерживает иммунную систему на уровне комплексного управления всеми процессами для создания должного физиологического режима в организме, что и делает его здоровым. При сбое этого механизма, при недостатке кислорода, а его, как вы уже знаете, всегда не хватает, особенно при недостатке аллотропного (других видов, в частности, той же перекиси водорода) кислорода, и возникают различные заболевания, вплоть до гибели организма. В таких случаях хорошим подспорьем для восстановления баланса активного кислорода и стимуляции окислительных процессов и собственного его выделения и является перекись водорода — это чудодейственное средство, придуманное Природой в качестве защиты организма, даже когда мы ему чего-то недодаем или просто не задумываемся, как там внутри работает сложнейший механизм, обеспечивающий наше существование.

Следует сказать, что в биохимических, энергетических реакциях кислород в организме участвует в виде радикалов нескольких видов, так называемых свободных радикалов, у которых на орбите находится один неспаренный электрон; у атомарного кислорода — два, а у молекулярного — уже четыре. Помимо этого их отличие заключается в том, что для образования свободных радикалов требуется гораздо меньше времени и энергии, несколько большей у атомарного и самой большой молекулярного, и обозначаются они следующим образом:

Свободные радикалы — **O'**

Молекулярный кислород — **O_2**

Атомарный кислород — **'O'**

Озон — **O_3**

Несмотря на то, что многие ученые (например, О. Ю. Охлобыстин. «Жизнь и смерть химических идей». М., 1989), не понимая разницы в свойствах кислорода, который находится в свободных радикалах, молекулярном и атомарном кислороде, и несмотря на то, что перекись водорода давно химически изучена, и в том числе значение ее для организма, вместе с тем отмечают, что «перекись водорода, действуя подобно свободным радикалам, вызывает в ДНК молодых животных те же изменения, что и старение». Однако известно, что свободные радикалы — это кислород с одним неспаренным электроном — довольно агрессивны и в норме занимаются «пожиранием» поврежденных, заболевших клеток, но «не брезгуют» и здоровыми.

Роль иммунной системы заключается также в том, чтобы следить за количеством свободных радикалов, ибо чем их больше, тем более вероятно возникновение различных болезней. Исследования, например, показали, что в раковых или облученных клетках свободных радикалов в несколько раз больше, чем в здоровых. Так вот, именно клетки иммунной системы, к которым принадлежат лимфоциты и гранулоциты, и занимаются уничтожением лишних свободных радикалов.

Роль свободных радикалов в нарушении всех жизненных функций организма достаточно доказана. С возрастом эти функции угасают, а концентрация свободных радикалов увеличивается, чему способствуют также такие факторы, как стресс, облучение (не это ли является причиной образования метастазов при онкозаболеваниях, как после облучения, так и после операционного вмешательства?), хронические болезни, различные токсины, резкие колебания температуры и т. д. В связи с этим возрастает роль антиоксидантов, которые как раз и являются «ловушками» свободных радикалов.

Следует иметь в виду тот факт, что во вдыхаемом табачном дыме свободных радикалов очень много, а в выдыхаемом — их почти нет. Куда они делись? Не в этом ли кроется одна из причин искусственного старения организма?

Таким образом, надо понимать, что свободные радикалы, содержащие кислород, по своему действию отличаются от молекулярного и атомарного кислорода.

Американский исследователь Шлегель неопровержимо доказал, что перекись водорода служит источником атомарного кислорода. Для этого он поместил определенное количество микроорганизмов в 100%-ную азотную кислоту, где, конечно, они все погибли. В другом сосуде, куда была добавлена перекись водорода, микроорганизмы не только не погибли, но и вели себя как в естественных условиях.

В химическом плане механизм работы атомарного кислорода в организме не так прост. Указанные реакции происходят с различными скоростями и количеством выделяемого тепла. И все эти реакции идут в клетке через образование перекисных соединений, атомарного и молекулярного кислорода и свободных радикалов, с выделением энергии в виде тепла для поддержания температуры тела 36,6 °С, «наведения порядка» и регулирования деления клеток, а также создания энергоинформационного поля (биополя). Образно говоря, каждая клетка представляет собой «атомный реактор», дающий энергию клеточным процессам и жизнь всему организму.

Как же нормализовать обмен веществ в организме и что нужно для этого делать? Вероятно, чтобы отличить человека от всего животного мира, Всевышний дал ему определенные преимущества, создав по «своему образу и подобию», поставив вертикально и тем самым как бы возвысив его над Природой.

С другой стороны, человек испытывает определенные трудности, ибо имея лишь две точки опоры, он должен постоянно напрягать мышечную и сердечно-сосудистую системы для поддержания организма в нормальном состоянии. Как вы знаете, все животные, имея четыре, а сороконожки даже больше, точки опоры, как правило, не знакомы с тем же остеохондрозом. Посмотрите, что получается. Человек, в отличие от всего животного мира, где сразу после рождения начинают ходить, плавать, год-полтора вначале ползает, затем постепенно становится на ноги, правда, в дальнейшем треть своей жизни проводит все же в горизонтальном положении. Если в детстве и в молодые годы человек много двигается, бегает, то с возрастом его пыл угасает, подвижность утрачивается, мышцы ослабевают и не могут уже удерживать тело в вертикальном положении, он заболевает. Почему так происходит?

Если вдуматься, то даже врачи не знают, где находится действительное сердце человека. Ведь сердце — это своего рода ресивер, распределительный бачок, перекачивающий кровь в артерии. Дренажная система человека (артерии, вены, капилляры), которая обеспечивает клетки всем необходимым для нормальной работы и удаляет шлаки, должна постоянно работать, то есть перекачивать жидкости. В отличие от технических насосов, в действии которых нет замкнутого круга, у человека артерии с венами соединены с двух концов: один к сердцу, а второй к капиллярам. Получается, что насосом, перекачивающим кровь, является не сердце, а капилляры.

Более ста лет тому назад русские ученые И. Щелков и Т. Заллер сделали открытие, что при работе в скелетных мышцах кровообращение усиливается в 60–80 раз, в то время как, например, в мозгу и желудочно-кишечном тракте только в 8–10 раз. Столь большая потребность мышц в крови стала расцениваться как нагрузка на сердце. Из законов физики известно, что излишняя нагрузка, например на двигатель, приводит к его быстрому изнашиванию. Отсюда делали вывод: при заболеваниях сердца, сосудов необходим охранительный режим. Вместе с тем, как показала практика, те больные, которые не придерживались режима ограничения двигательной активности, быстрее восстанавливали свое здоровье. В чем тут дело?

В настоящее время доказано, что скелетные мышцы состоят из мышечных волокон, которые сокращаются с определенной частотой, воздействуя на расположенные рядом сосуды, в частности на конечные их разветвления — капилляры, как раз и являющиеся действительным насосом на стыке между сердцем и венами и работающие в 2–3 раза сильнее, чем само сердце. А так как мышц в организме человека более пятисот, то всасывательно-нагнетательная функция их огромна, вот почему она была названа ***периферическим сердцем***.

Включая в активную работу мышцы, периферическое сердце (ПС) одновременно заставляет работать и мозг. У животных, которые подвергались физическим нагрузкам, в мозгу наблюдалась более развитая сеть кровеносных сосудов и более густая нервная система, чем у находившихся в состоянии обездвиженности. Электрофизиологические исследования пожилых людей подтвердили, что у занимающихся спортом, бегом трусцой, активность волн мозга аналогична активности людей молодого возраста. Иными словами, физическая тренировка оздоровляет не только тело, но и мозг. Это лишний раз служит доказательством взаимосвязи и взаимозависимости всех органов и систем организма. В этом-то и кроются неограниченные возможности на пути не только профилактики, но и лечения заболеваний.

Так, например, профессор А. И. Аринчин провел изумительный по своей простоте опыт: он изолировал икроножную мышцу от организма, замкнув ее в искусственный круг кровообращения, где она проталкивала кровь. Было доказано, что если сердце способно нагнетать кровь с давлением 120 мм ртутного столба, то мышца способна это делать с давлением 200–250 мм ртутного столба и даже больше. Самое главное, что независимо от возраста состояние мышечной ткани поддается тренировке, только нужна постепенность.

Как уже говорилось, одной из важных причин, усугубляющих развитие заболеваний, является ограничение движений, покой, рекомендуемые врачами пациентам во время лечения, на фоне приема синтетических лекарственных средств. Оказывается, как правильно говорил Н. М. Амосов, больному организму движений нужно больше, чем здоровому, в десятки раз. Особенно это важно при заболеваниях опорно-двигательного аппарата.

Тренировка мышц, связок – это не только помощь сердцу, но и органам, позвонкам, сочленениям, которые при этом берут часть функций на себя, предохраняя организм от чрезмерных статических и динамических нагрузок и резких движений. При физических упражнениях происходит массаж мышц, что не только улучшает их кровообращение, но, что особенно важно, питает кости, так как последние не имеют своих сосудов, а, следовательно, за счет этого они дольше не теряют упругости и не стареют, и получается, что они лечат сами себя.

Надо знать, что при движении с поверхности суставов слущивается эпителий, перетираются мочекислые отложения, превращаясь в смазку, нормализующую работу суставов. Здесь как нигде подтверждается основной принцип жизни: функция рождает орган. Только не надо лениться, ибо в движении — ваше здоровье. Замечено, что чем слабее мышцы, тем тяжелее переносятся даже стрессовые ситуации. Состояние удрученности, например, может отрицательно влиять на подлопаточную мышцу, из-за чего, когда такой человек идет, у него опущены плечи, сутулится спина; она имеет энергетическую связь с меридианом сердца и через него с самим сердцем. Только от состояния этой мышцы (слабо развита, не- тренирована и т. п.) могут возникнуть проблемы с сердцем. Чем больше тренированность мышц, а следовательно, и капилляров, этого периферического сердца, тем больше снижается нагрузка на сердце, тем скорее восстанавливается его функция. Прием перекиси водорода улучшает работу капилляров и сердца.

Роль ультрафиолетовых лучей для живых существ

В поисках ответа на вопрос о пусковом механизме энергетических процессов мы остановились на ультрафиолетовом свете, электромагнитное излучение которого лежит в основе спонтанного митогенетического излучения (А. Гурвич). При работе или отмирании клеток часть освобожденной энергии поглощается новыми клетками, другая — стимулирует процессы метаболизма, что и создает спонтанную биоэлектрическую активность соответствующего органа. При этом клетки каждого органа имеют свой спектр, набор частот, заданный ритмами Солнца еще в процессе эмбрионального развития человека. На этих частотах (волновых процессах) и происходят взаимозависимые электромагнитные колебания, создавая энергоинформационное поле вокруг клетки, органа, а затем всего тела, называемое «аурой» (биополе). Но ведь указанные процессы невозможны без кислорода.

Что же происходит при этом? Известно, что благодаря живительной силе солнечного света происходят явления фотосинтеза, в котором принимает участие только незначительная часть его спектра. Энергия Солнца, достигающая поверхности Земли, содержит целый спектр световых лучей, отличающихся разной длиной волны: инфракрасные (780–1100 нм), видимые (380–780 нм) и ультрафиолетовые (200–380 нм). Учитывая особенности биологического действия световых лучей, УФ-излучения, в свою очередь, делят на три спектральные области:

УФ А длиной волны от 320 до 380 нм;

УФ В длиной волны от 280 до 320 нм;

УФ С длиной волны от 200 до 280 нм.

Излучение УФ в области «А» слабо по активности, но вместе с тем благотворно влияет на протекание жизненных процессов у живых организмов. УФ-излучение в области «В» более активно, чем УФ А, и может вызывать даже мутационные изменения, которые, например у растений (да и не только), могут существенно активизировать их рост, улучшать качество и продуктивность. Но наиболее активным является излучение в области «С», что уже, в зависимости от времени и дозы излучения, может приводить к резким мутационным изменениям в живых организмах.

Вот почему коротковолновая часть спектра УФ ниже 293 нм и вся область УФ С полностью поглощается слоем атмосферного озона, водяными парами и другими частицами и не достигает поверхности Земли. Та же часть УФ-излучения, которая выше 294 нм в общем излучении Солнца, которая достигает поверхности Земли, составляет не более 5%. И хотя УФ в области «С» полностью отсутствует в составе солнечного спектра, достигающего Земли (незначительное его количество бывает во время восхода и захода Солнца, отчего это время самое благодатное для загара), его роль в жизни организмов огромна. Недостаток УФ С вызывает нарушение обмена веществ, ослабление защитных сил организма и возникновение различных заболеваний. Недаром, излучение в области «С» называют «витацидным», так как оно обладает сильным бактерицидным действием.

Многолетними исследованиями было установлено, что наиболее физиологичным для организма является УФ С в узких пределах 256–258 нм. Однако при работе с этим спектром частот было обнаружено, что он вызывает существенные сдвиги в гематологических и биохимических процессах, вплоть до патологических. Стали экспериментировать дальше и поняли, что для получения должного физиологического эффекта необходим весь спектр УФ в области «С», но наибольшая его величина должна находиться в пределах 256–258 нм и составлять 80%, а остальной спектр ниже и выше указанного.

Удивительно, что наши данные, приводимые в 60–70-х годах прошлого столетия, совпали с данными физиков Е. Вартановой и В. Ипполитова (Алма-Ата, 1985), доказавших, что даже наша мысль излучается в УФ-спектре в области «С» (256–259 нм). В результате длительных экспериментальных и клинических исследований было создано устройство для УФ-облучения биологических жидкостей (кровь, плазма, лимфа, молоко, вода) — «Гелиос-1», в разработке которого принимали участие И. И. Кондратьев и В. А. Ильин.

Резервные возможности организма огромны, только мы не умеем ими пользоваться, не подвергаем их постоянной тренировке, чтобы они всегда были в боевой готовности. Ультрафиолетовое облучение подстегивает «дремлющую» иммунную систему, в частности лимфоциты, лейкоциты, гранулоциты, которые как раз вырабатывают перекись водорода и уничтожают патологические клетки (явление фагоцитоза). Количество наших защитников увеличивается в 2–3 раза, существенно усиливается ферментативная активность и секреция гормонов, рассасываются тромбы, значительно улучшается микроциркуляция крови, возрастает интенсивность биохимических и энергетических процессов.

У больных и пожилых людей наблюдается повышение свертываемости крови из-за образования ассоциатов — гроздьев эритроцитов, да и других элементов крови, которые при ослаблении объединяются (слипаются) друг с другом, из-за чего величина их становится больше и они не могут проникнуть через мембрану клеток. При использовании ультрафиолетового облучения эти ассоциаты разрушаются, что не только улучшает текучесть крови, но и увеличивает способность эритроцитов захватывать кислород, без которого клетки задыхаются, находясь в состоянии постоянного кислородного голода, то есть болезни. Нелишне напомнить, что раковые клетки образуются как раз в бескислородной среде.

Улучшение всех биохимических и энергетических показателей способствует тому, что организм сам начинает справляться с патологическими процессами, происходящими в нем. Вот почему использование ультрафиолетового облучения крови в выбранном нами диапазоне так эффективно практически при любых заболеваниях. Фактически квантовая терапия ультрафиолетовым светом не является средством лечения какого-либо конкретного заболевания, она физиологически стимулирует главные жизненные функции организма, которые улучшают метаболические процессы, повышают энергетический уровень естественных механизмов регуляции и самозащиты, то есть с помощью этой терапии иммунная система начинает работать в том режиме, который заложен в нее Природой. Надо только еще приложить комплекс мероприятий, включающих очистку организма от шлаков, вести здоровый образ жизни и постоянно тренировать свое тело к умеренным физическим нагрузкам, использовать природные факторы: воздух, воду и т. п., закаливающие не только тело, но и душу.

В связи со сказанным очевидна универсальность предлагаемого метода ультрафиолетового облучения, широта и многообразие корректируемых клинических проявлений, отсутствие каких-либо осложнений, а также наличие эффекта при необратимых процессах или утраченных функциях. В частности, использование разработанных приборов в Афганистане для лечения больных вирусным гепатитом, при раневых инфекциях, сепсисе, гангренах, травматическом шоке и др. показало, что равных по эффективности методов нет.

Разработанный нами прибор «Гелиос-1» посредством ультрафиолетового облучения производит частотно-резонансную подпитку организма, приводя к норме нарушенный энергетический потенциал клетки, процессы метаболизма, иммунорезистентность. Благодаря активизации естественных энергетических механизмов организма, дальше он уже сам наводит у себя порядок. Ведь если взять тот же «СПИД», то реакция на ВИЧ-инфекцию не является специфической, о чем многие врачи уже знают, и сам вирус еще никто не видел, ибо он не один, а представлен несколькими вариантами (своего рода «гроздья» вирусов). Последнее крайне затрудняет диагностику — ошибка более чем вероятна, не говоря уже о лечении, которое не дает никакого эффекта кроме отрицательного результата.

Повторяю, что главным фактором возникновения любого заболевания является нарушение в работе сосудистой системы и иммунитета, защитные функции которых должны быть сильнее любого повреждающего фактора, любого вируса. На фоне экологической, экономической, социальной и др. напряженности, когда организм сам по себе испытывает сильнейшие стрессы, связанные с выживанием, возникновение различных заболеваний или появление новых, еще не известных – проблема завтрашнего дня. Любое нарушение (заболевание) в организме сводится к иммунодефициту, что еще в 80-х годах прошедшего века отметила Всемирная организация здравоохранения: вирусный гепатит, хронические болезни, аллергические проявления, бронхиальная астма, бесплодие, СПИД и др. Достаточно сказать, что в 1988 году, когда в нашей стране о СПИДе мало кто и говорил, считалось, что это заболевание может быть только в буржуазных странах, на 4-м Международном конгрессе по СПИДу в Стокгольме (12–16 июня) нами уже сообщалось, что с помощью устройства для ультрафиолетового облучения крови «Гелиос-1» можно лечить указанные иммунодефицитные заболевания.

Кроме того, в числе достоинств прибора следующие:

- использование минимального количества переливаемой крови (вместо 300–500 мл всего 10–30 мл), чего вполне достаточно для запуска естественных механизмов иммунной и энергетической систем организма;
- облучение жидкости проходит по всей окружности трубки, а не односторонне, как в других приборах, что обеспечивает высокую (до 80%) степень облучения крови, что повышает эффективность облучения на 1,5–2 порядка;
- использование одноразовой стандартной системы для переливания крови; портативный размер

прибора позволяет проводить УФО практически в любых условиях.

В связи со сказанным сам собой напрашивается вывод, что ультрафиолетовое облучение крови оказывает разностороннее противовоспалительное, обезболивающее, противоотечное, регенеративное, иммунокорригирующее, десенсибилизирующее, антитромботическое, общеукрепляющее и оздоровительное действие на организм, а также действие, влияющее на текучесть крови, повышающее половую потенцию, то есть в целом ультрафиолетовое облучение крови в выбранном физиологическом спектре УФ-излучения, области «С», способствует общему оздоровлению и омоложению организма.

И самое главное, что при УФ-облучении образуется озон, который, быстро разлагаясь, выделяет атомарный кислород.

Перспективность сочетания лечебного эффекта перекиси водорода и ультрафиолетовых лучей

Сопоставляя данные, полученные при лечении с помощью перекиси водорода и ультрафиолетового облучения крови, мы пришли к выводу, что в основе эффекта ультрафиолетового облучения крови также лежит атомарный кислород за счет вводимой энергии УФ-лучей в физиологическом диапазоне частот.

Атомарный кислород является тем лечебным фактором, который действует при использовании прибора «Гелиос-1».

Отсюда следует вывод: перекись водорода и ультрафиолетовое облучение крови в предложенном нами приборе — есть *разновидность одного и того же метода лечения атомарным кислородом.* При этом правильная дозировка в различных ситуациях обеспечивает безопасность такого лечения, а сам метод предоставляет возможность лечения любых заболеваний без использования синтетических лекарственных средств, которые, как правило, снижают иммунитет после первых признаков облегчения.

Осталось только соединить эти способы лечения: один день — H_2O_2, другой день — УФО.

Учитывая, что большие дозы перекиси водорода могут вызвать нежелательные реакции, представляется целесообразным внутривенно вводить ее через УФ-прибор — перекись водорода, быстро разлагающаяся на свету, еще быстрее разлагается при облучении УФ-лучами. В вену поступает уже вода и атомарный кислород, что также позволяет в тяжелых случаях вводить большие дозы атомарного кислорода, избегая вредного воздействия H_2O_2 высокой концентрации, и сделать эту процедуру совершенно безопасной.

Как видно из изложенного, разработанный нами прибор для ультрафиолетового облучения крови имеет существенные преимущества перед аналогичными устройствами.

Учитывая, что без ультрафиолетового спектра в области «С» не может существовать ни человек, ни животное, ни растение, одновременно шла разработка приборов и машин не только для использования в медицинской практике, но и для ветеринарии и сельского хозяйства. Были разработаны инструкции, приборы, машины, о которых были не только осведомлены все, казалось бы, заинтересованные ведомства, но и были представлены убедительные доказательства их эффективности (например, «Гелиос-1» успешно проходил клинические испытания в ведущих клиниках страны), но применение всего этого в нашей стране оказалось ненужным. И знаете почему?

Я облегчу вам ответ: да потому, что эти приборы и машины «перекроют кислород» многим предприятиям по выпуску синтетических лекарственных средств, минеральных удобрений и пр. Например, ультрафиолетовое облучение растений (которое им необходимо так же, как людям и животным) практически исключает использование минеральных удобрений при одновременном повышении урожайности любых культур почти в 1,5 раза и оздоровлении (рекультивации) земли.

Если говорить о медицине, то в Министерстве здравоохранения Российской Федерации имеется вся необходимая документация для серийного выпуска приборов «Гелиос-1», но выполненная еще в прежнем СССР, теперь же требуется ее повторить, но под эгидой нового государства — России. И не надо новых ассигнований, исследований, затрат времени и сил. Надо просто дать указание и начать внедрение, так как нужны они в каждой поликлинике, больнице. Но ничего, к сожалению, не меняется: Минздраву России это тоже не нужно. Вот почему изобретатели ранее постоянно предлагали создать при Минздраве независимое подразделение, которое занималось бы внедрением в медицинскую практику перспективных разработок, а его как не было, так, похоже, и не будет в ближайшем будущем.

ЛЕЧЕБНЫЕ СВОЙСТВА И ПРИМЕНЕНИЕ ПЕРЕКИСИ ВОДОРОДА

Природа мудро поступила, дав организму все для того, чтобы он нормально функционировал как самодостаточная, саморегулирующаяся система. Одной из главных составляющих этой системы является способность образования клетками иммунной системы (лейкоцитами и гранулоцитами) из молекулярного кислорода и воды — *перекиси водорода*. Перекись водорода, в свою очередь, распадается на *воду и атомарный кислород*, что является мощным оружием борьбы с любыми патогенными «врагами», будь то вирусы, бактерии, грибы или любые другие паразитарные инфекции. Так как при этом выделяется необходимый клеткам активный кислород, то одновременно устраняется явление гликолиза, возникающего при недостатке кислорода, от чего страдают все биохимические и энергетические реакции организма, а в первую очередь — митохондрии, которые перестают вырабатывать необходимую клеткам энергию. Митохондрии играют огромную роль в жизнедеятельности не только клетки, но и всего организма. Выше уже говорилось, что раковые клетки могут жить только в бескислородной среде, то есть при гликолизе, даже в условиях отсутствия многих макро- и микроэлементов. Нобелевский лауреат О. Варбург говорил об этом еще в начале прошлого века. Так вот, если митохондрии не получают необходимых для нормальной жизнедеятельности элементов, то они переходят на бескислородный режим работы, в результате чего нарушается дыхание клетки и, соответственно, процесс образования новых и уничтожения отживших и патологических клеток.

Одной из главных функций организма является поддержание электролитного баланса, то есть гомеостаза, или кислотно-щелочного равновесия. Любое отклонение в этом равновесии свидетельствует о наличии в организме воспалительной реакции, что и происходит при недостатке кислорода в клетках и в первую очередь сказывается на митохондриях — этих маленьких электростанциях. Однако еще раз напомню, что речь идет не о том молекулярном кислороде, который поступает в наш организм с воздухом, а о кислороде, получаемом в организме из перекиси водорода — атомарном, который, являясь сильным антиоксидантом, не только восстанавливает работу клеток, но и, окисляя недоокисленные вещества, устраняет в клетке все, что мешает ей нормально работать.

Если бы клетки иммунной системы, ее клетки-киллеры — лейкоциты и гранулоциты — не производили перекись водорода, то наша жизнь вообще была бы невозможна. Вот почему перекись водорода в организме всегда должна присутствовать в достаточном количестве, чего, к сожалению, по многим причинам не случается. Как заявляют, например, доктора Флетчер и Маален, у больных лейкозом образование перекиси водорода уменьшено на 70%, и пока не будет восстановлен ее уровень, вылечить такого больного практически нельзя.

Что же происходит в организме при образовании перекиси водорода? Следует сказать, что формула распада перекиси водорода на воду и кислород не отражает всей сущности процесса, так как при распаде одной молекулы перекиси водорода образуется один атом атомарного кислорода

$$H_2O_2 = H_2O + O' + 23 \text{ ккал.}$$

При распаде двух молекул перекиси водорода образуются два атома кислорода, которые объединяются в молекулу кислорода

$$2H_2O_2 = 2H_2O + O_2 + 47 \text{ ккал.}$$

Но вероятность образования из перекиси водорода молекул кислорода довольно низкая, так как за счет высокой активности атомарного кислорода он в первую очередь используется для нормализации окислительно-восстановительных реакций органических радикалов, требующих меньших энергий, чем для образования молекул кислорода. Указанные реакции происходят одновременно, но с разными энергиями и, соответственно, скоростями, не совпадающими по времени и условиям. Таким образом, в указанных реакциях происходит более сложный равновесный процесс получения молекулярного и атомарного кислорода, который и играет главенствующую роль в окислительно-восстановительных процессах, и нарушение его образования приводит к заболеваниям, характер которых не имеет значения, о чем уже упоминалось выше. При этом наблюдается определенная взаимозависимость: активность молекулярного кислорода тем выше, чем больше концентрация атомарного кислорода, и наоборот.

Например, в сосновом бору наблюдается высокая концентрация не только молекулярного, но и атомарного кислорода, который образуется из быстроразлагающегося озона, чей запах мы даже ощущаем.

Следовательно, пусковым механизмом биоэнергетических реакций, происходящих в организме за счет электронных перестроек, является атомарный кислород, образующийся из перекиси водорода.

Здесь следует сказать несколько слов о *люстре Чижевского*. Главная заслуга его в том, что он доказал: в воздухе есть аэроионы, без которых человек жить не может. Он назвал их «витаминами воздуха». Если, например, животным (мыши, крысы) давать дышать воздухом, фильтрованным через вату, то через две-три недели они от такого «стерильного» воздуха погибают. Оказывается, с помощью созданной ученым люстры образуется ионизированный воздух, тот же озон, который, разлагаясь, образует молекулярный и атомарный кислород, оказывающий такое живительное действие. Это тот же ионизированный воздух, которым мы дышим возле водопадов в горах.

Есть одно любопытное обстоятельство. Если в паспорте прибора написано, что в объеме 1 м^3 от лампы столько-то тысяч отрицательно заряженных ионов, улучшающих состояние человека, то можете быть уверены, что в том же объеме столько же положительных ионов, ухудшающих здоровье. Все дело в том, что без взаимосвязи положительных и отрицательных процессов в Природе ничего существовать не может. С развитием цивилизации человек загнал себя в банку Фарадея, в которой изменена электромагнитная составляющая, когда положительных аэроионов больше, чем отрицательных, в результате чего клетка организма, теряя заряд на мембране, становится уязвимой для любого повреждающего фактора. Вот почему, находясь возле люстры Чижевского и захватывая отрицательные аэроионы, человек получает облегчение. Только одно не учитывается при пользовании этим прибором. При работе элементы люстры, разлагая воздух на положительные и отрицательные ионы, притягивают к себе всю грязь, как пылесос, что в последующем может сказаться как на эффективности ее работы, так и на здоровье человека.

Как же правильно пользоваться люстрой? Проветрить помещение, закрыть форточки, исключить сквозняк, включить люстру на 20–30 минут, выключить, и так периодически каждые два-три часа проделывать эту процедуру. К сожалению, я нигде не встречал данных о том, сколько же времени люстра может эффективно работать «в полевых условиях».

Сущность дыхания заключается в соединении углерода и водорода органики с кислородом воздуха. В химическом отношении этот процесс одинаков как для животных, так и для растений, причем растения в 20 раз больше выделяют кислорода, чем поглощают. Поэтому в атмосфере и поддерживается необходимое для человека количество кислорода. И все эти реакции идут в следующем порядке: молекулярный кислород — озон — перекись водорода — атомарный кислород с выделением энергии для поддержания температуры тела 36,6 °С и создания биополевой оболочки — ауры (служащей также энергетической подпиткой организма из окружающей среды) и процесса деления новых клеток и уничтожения старых. Образно говоря, каждая клетка — это своего рода атомный реактор, дающий энергию клеточным процессам и жизнь всему организму. Не в этом ли загадка гения Курчатова, что он скопировал процесс, протекающий в организме, для создания атомного реактора, где предусмотрел использование в виде стержней углерода, снижение концентрации которого в организме вызывает мутации клеток и неуправляемый их рост, остановить который можно только за счет восстановления равновесного процесса между образованием кислорода — углерода? Вот почему так важно нормальное соотношение углекислого газа и кислорода, ведь его нарушение приводит, как правило, к патологическим изменениям в работе клеток.

Понимание сущности этих процессов является базовым для использования перекиси водорода при лечении различных заболеваний. Вводя в организм недостающую перекись водорода, мы вводим дополнительное «горючее», стимулирующее атомарные процессы, происходящие в клетке, побуждая их к началу работы и защите от различных повреждающих факторов. В Природе много источников образования атомарного кислорода: человек хорошо себя чувствует в лесу, возле бурлящего водопада, под люстрой Чижевского, в кислородных ваннах, при ультрафиолетовом облучении — за счет прямого образования из озона атомарного кислорода.

При сбое этого механизма, то есть недостатке кислорода, о чем уже неоднократно говорилось, возникают различные болезни, вплоть до гибели организма. Вот тогда для восстановления баланса кислорода, стимуляции окислительных процессов и активизации собственного атомарного кислорода и нужно использовать перекись водорода.

При введении перекиси водорода перорально (через рот) или внутривенно (в биологически рекомендуемых дозах) окислительный ее распад происходит по следующей схеме:

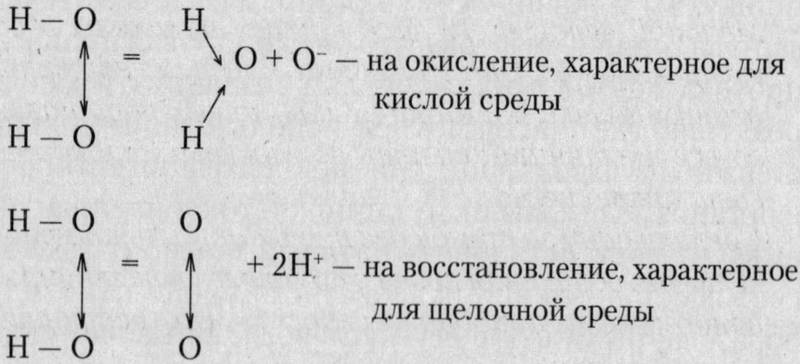

Структурная формула перекиси водорода Н-О-О-Н показывает, что два атома кислорода непосредственно соединены друг с другом и связь эта неустойчива. Например, чистая перекись водорода способна разлагаться на воду и кислород со взрывом, отчего она используется в медицине в разбавленных водных растворах. Перекись водорода, как сказано выше, обладает слабовыраженными кислотными свойствами, на чем и основана ее окислительная функция в кислой среде, а восстановительная — в щелочной, то есть та, которая наблюдается в зашлакованном организме.

Активность атомарного кислорода очень высокая, и он в первую очередь окисляет атомы элементов, не свойственных данному организму. Вся патогенная флора как огня боится встречи с таким кислородом, так как практически она возникает при его дефиците.

Главное же назначение атомарного кислорода — это коррекция резонансной частоты каждой клетки, развитие новых, подавление старых и больных.

Такой механизм действия перекиси водорода подтверждается рядом наблюдаемых случаев.

- *Больная Н., 40 лет, заболела* ***раком груди с обширными метастазами.*** *В операции было отказано, после этого уехала в деревню в Сибирь, где был кедровый лес. Прожила там 6 месяцев, вернулась в полном здравии.*

- *Молодой человек, 16 лет, пришел из школы и за ужином заснул.* ***Спал 3 месяца.*** *Отец, заведующий реанимацией в Волгограде, за помощью обращался во все инстанции, вплоть до Москвы. Разбудить сына никто не мог.*
  Сделали одну за другой две процедуры ультрафиолетового облучения крови с помощью сконструированного нами прибора «Гелиос-1». На следующий

день молодой человек проснулся, вначале узнал сестру, затем мать, потом окончательно пришел в себя.

- *Больной К., 83 года,* ***раковая опухоль (с яйцо) на правом виске*** *постоянно кровоточила. Проводимые врачами мероприятия были безрезультатными, и в дальнейшем они отказались что-либо делать. Решено было накладывать на рану тампоны, смоченные вначале 15%-ной, а затем, 30%-ной перекисью водорода. Через неделю кровотечение прекратилось, а через месяц исчезла сама опухоль. Поверхность правого виска стала чистой, как будто там ничего не было. Врачи не могли поверить, что таким образом была удалена опухоль, с которой они не могли справиться.*

В книге У. Дугласа «Целительные свойства перекиси водорода» приводится перечень заболеваний, относящихся к иммунодефицитным состояниям (ревматоидный артрит, красная волчанка, аллергические расстройства и т. п.), которые практически все излечиваются от приема перекиси водорода, особенно при внутривенном введении.

Между прочим, пытливые умы используют перекись водорода в качестве лечебного средства при самых различных заболеваниях уже около 200 лет.

И хотя успешное применение перекиси водорода в виде внутривенного вливания было проведено во Франции врачом Нистеном в 1811 году, о чем сообщили в журнале «Ланцет» доктора Терклифф и Стеббинг, которые также (1916 год) использовали H_2O_2 для внутривенного вливания при разных состояниях с достаточно хорошим терапевтическим эффектом, до настоящего времени она широкого применения не нашла... из-за своей простоты и дешевизны.

Конечно, использование перекиси водорода приведет к подрыву громадной индустрии по созданию и выпуску синтетических лекарственных средств, приносящих огромный доход, правда, к сожалению, за счет ухудшения здоровья тех, кто их принимает.

Дело в том, что медицина является одной из самых консервативных наук, не замечающей того вреда, который совершают узкие специалисты. Конечно, без них нельзя: они знают все тонкости того или иного органа, системы; но вот что плохо: они забывают, что все в организме взаимосвязано и взаимозависимо. Как оправдывается работа врача патологоанатомом? Боли купировались болеутоляющими средствами, воспаление было — давали противовоспалительные средства, организм больного был слаб — давали витамины. Посему претензий к врачу нет. А больной умер от недостатка воды в организме, его зашлакованности и кислородного голодания — понять это у врачей не хватило ума. А как понять: их никто этому не учил, поскольку их учат так, как, к примеру, профессор В. Киселев, зам. по науке НИИ молекулярной медицины института им. Сеченова, похоже, ничего не знающий, да и не желающий знать, о выработке в организме перекиси водорода, но с умным видом рассуждающий о ее якобы вреде для организма. Но это не оправдание для врачей, допустивших смерть больного: мы все учились, но вот главное — учиться не перестали и думать самостоятельно не разучились.

Формы выпуска и традиционное применение перекиси водорода

Перекись водорода — это бесцветная жидкость (в больших объемах или концентрации — чуть синеватая), без запаха. Это нестойкое соединение, хорошо растворимое в воде и разлагающееся даже при комнатной температуре на свету, в связи с чем хранить ее лучше в пузырьках из темного стекла.

Перекись водорода называют также *пергидролью, гидроперитом, гиперолом, лаперолом.* Японцы недавно изобрели эквивалент перекиси водорода под названием флюзол, который они с успехом применяют при облучении раковых больных.

Пергидроль – концентрированный раствор H_2O_2, в котором она находится в количестве 27,5–35%. В аптечной сети, как правило, продается 3%-ная перекись, часто даже без обозначения концентрации.

Многие обеспокоены тем, что H_2O_2 якобы грязная и содержит ряд вредных для организма веществ, в частности свинец и цинк. В отличие от технической, поступающая в аптеки H_2O_2 достаточно чистая, особенно приготовленная для акушеров. Конечно, наличие примесей того же свинца нежелательно, но в тех количествах перекиси водорода, которые рекомендуются для приема внутрь или внутривенно, этим можно пренебречь, учитывая тот лечебный эффект, который она вызывает, тем более что количество свинца, поступающего в организм из других источников, всегда превышает допустимые нормы.

Цинк же является необходимым элементом, без которого не происходят многие биохимические и энергетические реакции.

Гидроперит выпускается в таблетках и содержит около 35% H_2O_2. Перед употреблением таблетки растворяют в воде: 1 таблетка на 1 ст. ложку воды (15 мл), что соответствует 3%-ному раствору H_2O_2.

Причем использовать гидроперит можно только наружно, так как он недостаточно очищен.

Перекись водорода традиционно применяют в качестве антисептического, кровоостанавливающего средства, в качестве отбеливателя, для получения кислорода и в качестве окислителя в ракетной технике.

В организме перекись водорода под воздействием фермента каталазы разлагается на воду и *атомарный кислород*, защищая клеточные структуры от повреждений. В противном случае клетка загрязняется, и такой процесс, как апоптоз (ликвидация отживших больных клеток, паразитов), не происходит.

Доказано, что перекись водорода *участвует во всех биоорганических процессах обмена веществ:* белков, жиров, углеводов, минеральных солей, а также в образовании витаминов, в работе всех ферментных, гормональных систем, в выработке тепла в организме, она способствует переходу сахара из плазмы крови в клетки без помощи инсулина.

Однако, помимо насыщения организма атомарным кислородом, перекись водорода играет и другую, возможно, более важную роль — окисляет токсические вещества. Это свойство доктор Фарр назвал «окислительной детоксикацией». В частности, окисляя жиры, отлагающиеся на стенках сосудов, она не только предотвращает, но и устраняет явления атеросклероза.

Окислительные свойства перекиси водорода очень сильны: если 10–15 мл H_2O_2 влить в 1 л воды, то количество микробов в ней уменьшается в 1000 раз! При этом гибнут даже такие патогенные микробы, как возбудители холеры и брюшного тифа, споры сибирской язвы, очень устойчивые во внешней среде. Способность перекиси водорода (при внутривенном введении) успешно бороться с бактериальными, грибковыми, паразитарными и вирусными инфекциями, а также стимулировать работу иммунной системы и препятствовать росту опухолей установлена большим количеством лабораторных и клинических исследований (У. Дуглас, 1998). После внутривенного введения H_2O_2 в организм клетки-киллеры, Т-лимфоциты, ответственные за напряженность работы иммунной системы, приобретают более высокую активность.

Сочетание же использования перекиси водорода с ультрафиолетовым облучением крови оказывает еще более выраженный терапевтический эффект, особенно в случаях заболеваний, связанных с такими иммунодефицитными состояниями, как вирусный гепатит, хронические болезни, бесплодие, так называемый СПИД, бронхиальная астма и т. д.

Способы лечебного использования перекиси водорода

Я получаю много писем, и, бывает, в них говорится о небезопасности использования перекиси водорода, особенно внутривенного ее введения.

Вообще, прежде чем что-то рекомендовать другим, я все испытываю на себе. Так вот, я внутривенно ввожу себе и своим родственникам перекись водорода с помощью шприца у себя дома на кухне — и ничего, жив!

Перекись водорода — это раствор, где молекулы атомарного кислорода отделены друг от друга молекулами воды, а следовательно, *в отличие от молекул чистого кислорода, очень маленькие, и риск газовой эмболии практически исключается*.

Отрицательное действие перекиси водорода при приеме внутрь объясняется тем, что в желудочно-кишечном тракте мало фермента каталазы или ее нет вообще. Вот почему выбрана доза, не превышающая ***10 капель на один прием*** за 30 минут до еды или через 1,5–2 часа после. К тому же не случайно начальный прием перекиси водорода (10 дней), да и при внутривенном введении, определен в режиме привыкания. Да и сами больные могут определить для себя приемлемую комфортную дозу, например, даже не превышающую ***3–5 капель на один прием.***

В нашей «цивилизованной» жизни мы едим жареную, жирную, копченую, да еще отравленную химическими веществами пищу, в которой кислорода нет вообще, поэтому на ее переработку кислорода требуется очень большое количество. А ткани живут практически в бескислородной среде и вынуждены бороться за каждый лишний «глоток воздуха». Поэтому у некоторых людей прием даже двух капель перекиси водорода вызывает иногда различные недомогания, вплоть до обмороков, как это бывает с городским человеком, очутившимся в лесу. И все-таки, ввиду того, что организм человека из-за малоподвижного образа жизни, характера питания и других факторов практически всегда испытывает недостаток кислорода, прием перекиси водорода при любых расстройствах будет не лишним.

Если после приема перекиси водорода появятся какие-либо дискомфортные явления, боли, тяжесть и др., то на 1–2 дня прием прекратите или снизьте дозу до 3–5 капель. При использовании перекиси следует принимать витамин С (один зубчик чеснока в день решит эту задачу).

Наружное применение

- Используется в виде компрессов, втираний в любые болезненные места (область сердца, суставы и т. д.), смазывания кожной поверхности при болезни Паркинсона, рассеянном склерозе: *1–2 ч. ложки 3%-ного раствора перекиси водорода на 50 мл воды, с последующим увеличением концентрации раствора вплоть до 3%-ного.*

- Для полоскания полости рта применять *1 ч. ложку 3%-ной перекиси на 50 мл воды.*
- При кожных заболеваниях (экзема, псориаз и др.) можно использовать не только 3%-ную перекись водорода (неразбавленную), но и 15–25–33%-ную перекись водорода, приготовленную из таблеток гидроперита, который можно приобрести в магазинах химических реактивов. Следует смазывать высыпания 1–2 раза в день до полного их исчезновения.
- Если у вас грибок на ногах или в других местах или бородавки на теле и другие высыпания, то надо смазывать их 3%-ным раствором H_2O_2 несколько дней, и они исчезнут.
- При раневых инфекциях, гнойных процессах, ссадинах и т. п. перекись водорода способствует более быстрому заживлению. Как известно, хорошим дезинфицирующим средством при неглубоких ранах, порезах и трещинах, а также кожных заболеваниях являются квасцы. Эффективнее их применение будет в сочетании с перекисью водорода: *в 10%-ный раствор квасцов (на 10 мл воды 10 г квасцов) добавить 1 ч. ложку 3%-ной перекиси водорода.* Этот раствор является прекрасным средством для лечения трофических язв, различного рода кожных проявлений, раневых поверхностей при лимфоденитах.
- *Использование перекиси водорода в ваннах.* Мы, как правило, мало обращаем внимания на нашу кожу, а ведь площадь ее — 2 $м^2$, и работает она, как почки и легкие. То есть через кожу мы тоже дышим, и через нее выводятся продукты метаболизма. Вот почему после физзарядки, любой нагрузки, обильном потоотделении надо обязательно принять легкий душ, в противном случае вредные вещества снова окажутся в организме.

Очень хорошо действует на кожу прием ванн с перекисью водорода, кстати, уже давно официально рекомендуемых во многих странах: Англии, США, Канаде.

Для приема одной теплой ванны взять *5–6 пузырьков перекиси (по 40 мл).* Время ванны 30–40 минут, после чего в эту воду добавить теплой воды и вымыться. Только помните, что шампуни, мыла, особенно заморского происхождения, содержат в своем составе щелочи и, смывая с поверхности кожи кислый защитный слой, делают вас действительно «голенькими» для проникновения через кожу различных инфекций. Курс: 5–7 ванн через день, через полмесяца можно повторить.

Так что дают ванны с перекисью водорода? Нормализацию стула, изгнание глистов, нормализуют кожный покров при экземе, псориазе, дерматитах, трофических язвах, снимают боли в позвоночнике, суставах и мышцах.

Внимание! При приеме ванн с перекисью может наблюдаться повышение температуры, появление розовых пятен на коже, легкое расстройство стула. Ничего страшного в этом нет, это признаки зашлакованности вашего организма, чем больше, тем выраженнее проявления этого. Здоровый же человек после такой ванны почувствует лишь облегчение.

- *Применение в косметологии.* Все существующие косметические средства: кремы, гели, лосьоны — оказывают в основном наружное действие, а ведь нарушение функции клетки зависит от внутреннего состояния организма, его зашлакованности, зависящей, прежде всего, от степени обеспечения клеток кислородом. Сухая кожа, угри, морщины и многое другое хорошо устраняется перекисью водорода. Надо вымыть лицо теплой водой, хорошо вытереть и, смочив ватку 1–1,5%-ной перекисью, а впоследствии 2%-ной, помассировать лицо, шею.

Через 20–30 минут надо снова ополоснуть лицо теплой водой.

Такую же самую процедуру можете проделать при целлюлите, только усилив действие перекиси водорода с помощью массажера или иппликатора Кузнецова, а лучше Ляпко. Прокатать живот, бедра, руки, ноги и затем смочить поверхность кожи 3%-ной перекисью водорода.

Внутреннее применение

Принимать, начиная *с 1 капли на 2–3 ст. ложки воды (30–50 мл) 3 раза в день за 30 минут до еды или через 1,5–2 часа после*, ежедневно добавляя по одной капле до 10 на десятый день. Сделать перерыв 2–3 дня и принимать уже по 10 капель, делая перерыв через каждые 2–3 дня. Некоторые больные вообще не делают перерыва.

Если есть необходимость, детям до 5 лет можно принимать по *1–2 капли на 2 ст. ложки воды*, с 5–10 лет — *по 2–5 капель*, с 10–14 лет — *по 5–8 капель* за один раз, также — за 30 минут до еды или через 1,5–2 часа после.

Применение через нос, в уши

- При любых заболеваниях или некомфортных состояниях (гриппе, простуде, головной боли), особенно при болезни Паркинсона, рассеянном склерозе, заболеваниях носоглотки (гайморите, воспалении лобных пазух), шуме в голове и др. следует закапывать перекись водорода в нос, из расчета *10–15 капель на 1 ст. ложку воды* и по целой пипетке закапать сначала в одну, а потом в другую ноздрю. Через 1–2 дня можно увеличить дозу — по 2–3 пипетки в каждую ноздрю, а потом вводить до одного кубика с помощью однограммового шприца.

Когда через 20–30 секунд из носа начнет выделяться слизь, надо пойти в ванну, наклонить голову к плечу, пальцем зажать ноздрю, которая сверху, а через нижнюю спокойно выдуть все, что из носа выйдет. Затем наклонить голову в другую сторону и проделать то же самое.

Минут 10–15 ничего не пить и не есть.

- При носовых кровотечениях (об этом хорошо знают врачи скорой помощи) нос тампонируют 3%-ной перекисью водорода с последующим выяснением причин кровотечения.
- При различных заболеваниях ушей, тугоухости вначале надо использовать 0,3–0,5%-ный раствор перекиси водорода (*1 мл H_2O_2 на 1 ст. ложку воды*), через несколько дней можно концентрацию раствора повысить до 1–2% (закапывать или вводить ватный тампон).

Из отзывов

Уважаемый Иван Павлович! Хочу поделиться с Вами, что со мной произошло со времени начала приема H_2O_2.

Мне 73 года, перенесла инфаркт и инсульт, правая сторона практически не работала, передвигалась с трудом по комнате из-за сильных болей в области сердца, суставах. Поворачивать голову могла только вместе с корпусом и много чего еще. Начала принимать H_2O_2 по Вашей рекомендации, закапывать в нос и даже растираться ею. Через 1–2 недели почувствовала незначительное облегчение, а к концу месяца будто ослабла какая-то пружина, после чего практически исчезли боли в области сердца, суставах.

Прошло уже 7 месяцев, а чувствую себя как 10 лет тому назад до болезней. Хожу сама в магазины, делаю постоянно посильную физзарядку, все лето копалась в огороде. Да еще ходила по земле босиком и периодически хлестала себя веничком из крапивы. Сейчас все мои соседи перешли на такой же режим жизни и поняли, что не потрудишься сам ради собственного здоровья, толку никакого не будет, тем более от лекарств, которыми нас только травят. Благодарю Бога, что Вы есть на свете. Здоровья Вам самому и Вашим сотрудникам.

Т. Гордеева, г. Киров

Комментарий. Как видите, результат появился не сразу, и так как клетки больных живут фактически в бескислородной среде, то продолжительность приема перекиси водорода по времени не ограничена.

✉ *Мне 64 года. В 50 лет перенес инфаркт, через полтора года добавилась гипертония, причем кровяное давление повышалось до 250/140 мм рт. ст. К 60 годам добавилась мерцательная аритмия, пароксизмальная тахикардия, простатит, который перешел в аденому. С 52 лет на инвалидности, и, несмотря на множество принимаемых лекарств и лечение в больницах, становилось все хуже. В результате — тяжелая одышка, ходил с трудом, нагибаться из-за отечности ног не мог, передвигался только с помощью близких, ухудшалась память, в голове был постоянный шум. Думал уже о том, чтобы закончить свою жизнь на Земле, чтобы не мучить ни себя, ни родных, ни врачей, которым самим от моего вида становилось плохо.*

В начале 2000 года познакомился с рекомендациями профессора Неумывакина и начал принимать перекись водорода по схеме, а также стал заниматься посильными физическими упражнениями, принимать контрастный душ, ходить при любой погоде, то есть, не надеясь ни на кого, занялся своим здоровьем, как говорит Иван Павлович, в комплексе.

В результате сейчас (октябрь 2003 г.) я считаю себя практически здоровым человеком. Кровяное давление стало 130–140/85–95 мм рт. ст., экстрасистолы есть, но я их не замечаю, хожу свободно, позвоночник гнется, делаю «Березку», стою на голове до 1 минуты, хожу на ягодицах, практически перестал вставать ночью в туалет. Шум в голове, отечность ног исчезли.

Прав профессор Неумывакин: здоровье надо самим зарабатывать, у меня на физзарядку и утренние процедуры уходит около часа, днем на ходьбу, бег трусцой – 1–1,5 часа. Остальное время – посильный труд на участке. Но ведь, несмотря на то, что мой возраст стал больше, я чувствую себя гораздо лучше, чем даже до болезни. Оказывается все просто, но без собственного труда здоровья не будет. К врачам не хожу, а если приду, то они удивляются, почему я еще живу, так как по их меркам я давно должен был умереть. Так я им говорю: «Не дождетесь». Кстати, некоторые из них уже умерли.

Что же получается? Многие, к которым я раньше обращался, не могли мне порекомендовать, что мне самому делать, а Главный Народный целитель России один мог это сделать. Как мне теперь прикажете относиться к официальной медицине, которая отказывается от больных, ради кого она и существует.

С уважением и благодарностью к Вам за мудрые и простые советы, выполняя которые больные становятся здоровыми.

И. П. Потзоров, Липецк

✉ *К старости набралось много болячек, и уже, кажется, приспособились к ним, но постоянное чувство слабости, разбитости, утомления даже от незначительной работы сделало жизнь не в жизнь. Стали с мужем принимать перекись водорода по совету И. П. Неумывакина. После первой декады ничего не почувствовала, но затем стали твориться чудеса. Кишечник начал выбрасывать что-то невообразимое: какие-то пленки, черноту, камешки, и это продолжалось больше недели. Вскоре та же картина стала наблюдаться и у мужа. Если бы вы знали, как мы ожили, можно сказать омолодились лет на 10–15. Неужели все это перекись водорода?*

В. И. Морозова, Томск

Комментарий. Дело в том, что выделяемый при разложении перекиси водорода в организме атомарный кислород является не только сильным дополнительным источником насыщения тканей кислородом, но и окислителем токсических продуктов, которые блокировали работу кишечника. Некоторые ученые утверждают (профессор Есенкулов), что перекись водорода повреждает клетки реснитчатого эпителия толстого кишечника, что в последующем отрицательно скажется на его работе. Перекись водорода — это не только продукт деятельности клеток-киллеров, уничтожающих любую патогенную микрофлору, вирусы, грибы. Перекись водорода — это своего рода универсальное средство поддержания на должном физиологическом уровне всех жизненно важных процессов. Клетки иммунной системы — лимфоциты и гранулоциты — наши спасители, а не разрушители. Вот почему перекись водорода, доокислив недоокисленные вещества, выбросила их из организма, «наведя порядок» в кишечнике.

От всей души благодарю за рекомендации по приему перекиси водорода. Я инвалид II группы, мне 77 лет. 44 года проработал в науке. В 1990 году перенес обширный инфаркт миокарда. С тех пор страдаю стенокардией напряжения, пройти 5 минут от дома до института не мог без остановки и приема нитроглицерина. И это при том, что лечился самыми современными средствами. Год назад положение резко ухудшилось, и я вынужден был уйти на пенсию. Прочитав о пользе перекиси водорода в вестнике «ЗОЖ», начал принимать ее по 30 капель в день. Через несколько недель стенокардия, которая, как известно, связана с недостатком кислорода сердечной мышцы, полностью исчезла. Кислород перекиси водорода полностью обеспечил потребность сердца. Постепенно я исключил прием всех препаратов, предназначенных для расширения сосудов. Принимая только перекись водорода, я чувствую себя великолепно — как будто заменили сердце. Я с удовольствием вожу автомашину, летом успешно работал на садово-огородном участке (копал, сажал, ухаживал, убирал урожай). В настоящее время легко прохожу 5 км.

Профессор Г. П. Кутузов, г. Лобня

Уважаемый Иван Павлович!

Обращается к Вам пенсионерка, ветеран войны с просьбой расшифровать методику приема перекиси водорода. С 16 апреля 2003 года начала принимать перекись, начиная с одной капли, и дошла до 30 капель с перерывом. Поскольку я, вероятно, невнимательно изучила Ваш рецепт, то стала принимать перекись два раза в день утром и вечером по 30 капель. После приема никаких внутренних нарушений не было, наоборот появилась бодрость, и если раньше с трудом передвигалась, то стала лучше и быстрее ходить, не испытывая усталости. Но через 1,5 месяца такого приема перекиси заметила, что у меня стало резко ухудшаться зрение. Так как у меня многие годы развивалась прогрессирующая катаракта, то я обратилась к врачу, которая сказала, что прием перекиси мог убыстрить развитие катаракты и что нужна срочная операция. Что мне делать дальше? Принимать перекись или нет?

Н. Свиридова, Казань

Комментарий. Уважаемая Надежда Сергеевна! В организме исподволь, постепенно накапливаются явления, которые, дойдя до определенного предела, выливаются в то или иное заболевание. Катаракта ведь давно созревала, а здесь перекись водорода, за счет своего влияния, могла усилить обменные процессы в глазу, что, возможно, в дальнейшем сможет послужить началом рассасывания катаракты, чему я неоднократно был свидетелем. Но, главное, не надо увеличивать одноразовую рекомендуемую дозу приема перекиси водорода — 10 капель на 30–50 мл воды.

Скажу о том, что в течение шести лет я страдала от бронхиальной астмы, особенно было плохо ночью. Спать не могла, задыхалась. И вот в вестнике прочитала интервью с профессором И. П. Неумывакиным. Сразу поверила в перекись водорода и стала принимать, как рекомендовал доктор. И произошло чудо — бронхиальная астма, мучившая меня столько лет, рассталась со мной. Какое же это счастье, когда ты не задыхаешься и можешь вести нормальный образ жизни!

Валентина К., Димитровград

Год назад мои болезни — ревматизм, полиартрит и артроз коленных суставов — довели меня до плачевного состояния. Боли были адские, почти не могла ходить. Живу одна, и помогать мне было некому, а жить-то надо. На работу ползала крошечными шажками, почти теряя сознание. Врачи сказали, что «не их профиль», и практически отказались от меня. Дойдя до крайности, почувствовала себя приговоренной к медленной мучительной смерти. Целый месяц почти не спала: вены вздулись, ноги покрылись огромными шишками, постоянно мучили судороги, которые терпеть было невозможно.

И вот, когда смерть уже казалась счастливым избавлением, мне в руки попалась статья профессора И. П. Неумывакина о перекиси водорода. Слава Богу, что я узнала об этом удивительном лекарстве! Сразу стала принимать перекись водорода. Началось очень медленное, но стабильное улучшение. Теперь живу нормально, работаю и надеюсь выздороветь полностью. Чтобы почувствовать действие перекиси водорода, нужно, оказывается, пить ее долгое время. Результат несомненный. Отступают даже тяжелые недуги, что были у меня, но судороги в ногах продолжали меня беспокоить...

Прочитала и статью о приборе «Невотон» — дороговат, не по карману. И тут меня осенило: ну что такое этот прибор? Да обычный кусок магнита, запаянный в пластмассу. Взяла отвертку, пошла на кухню и отвинтила у кухонных шкафов маленькие магниты. Взяла «скотч» и прилепила магнит на икроножную мышцу. И взвыла! Минут 10 были сильные боли, которые затем стихли. Прикрепила второй магнит на другую ногу и легла спать. Оказалось, что помимо того, что сняли мою боль, они обладают мочегонным действием — всю ночь бегала в туалет. Утром посмотрела на ноги и ахнула: никаких отеков и за одну ночь сошли огромные ревматоидные шишки, и в течение одной ночи ни одной судороги. Попробовала большие магниты, но больно сильно действуют, поэтому используйте маленькие. При остеохондрозе, артрозах, болях в различных местах хорошо помогают магниты. Мой старенький отец еле ковылял: болели суставы. Уговорила его прикрепить маленькие магниты. Что Вы думаете: через три дня он начал бодро ходить.

Лариса Петровна Кольченко,
Петропавловск

Комментарий. Уважаемая Лариса Петровна! Вы совершенно случайно — точнее, интуитивно, нашли метод, который разработал Заслуженный изобретатель России В. С. Патрасенко, основоположник нового направления — магнитотерапии с ее магнитотронами. Дело в том, что магнитное поле Земли в настоящее время значительно ослабло по многим причинам, и наш организм еще на это не реагирует. В то время как клетки уже испытывают энергетический голод. Так вот, изобретатель Патрасенко нашел электромагнитную составляющую, которая по своей структуре и градиенту равна магнитному полю Земли, и с помощью своих магнитов физиологически подкачивает недостающую энергию клеткам, которые начинают нормально работать. Вот даже простые магнитные защелки на дверцах (кстати, это тоже его изобретение) оказали чудодейственный эффект. Дело в том, что магнитотроны дают реологический эффект (жидкость становится более текучей). В пожилом возрасте у малоподвижных людей в результате изменения вязкости крови в ней образуются ассоциаты (гроздья) — слипшиеся элементы крови из тех же эритроцитов, которые, увеличившись в своей массе, уже не могут проникнуть через мембрану клетки, что и заставляет ее испытывать голод, и она заболевает. Магнитотроны же подкачивают клетки энергией, и те, разлипаясь, снова становятся самостоятельными и начинают нормально обеспечивать доставку питательных веществ и вынос продуктов жизнедеятельности.

Не ошибусь, если скажу, что каждый из нас больше всего боится инсульта. Вот и я тоже опасаюсь. Лет 20–25 тому назад у меня периодически стали появляться отеки левой щеки, а при надавливании на щеку я чувствовала острую боль, и одновременно с этим воспалялось левое ухо, веки левого глаза. Обратилась к врачам. Отоларинголог прописал мне вибромассаж больного уха, а по поводу зрения и для снятия покраснения век мне был рекомендован обычный массаж век стеклянной палочкой. Когда я через две недели убедилась в совершенной бесполезности этих процедур, то просто от них отказалась. Я лишь попусту потратила свое время и чуть не упустила сроки, когда еще можно себе помочь. Вот тогда я и поставила себе диагноз — прединсульт.

А что делать дальше, как себя спасать? Заметьте, то были 1970–80-е годы: под контролем и запретом йога, дыхание по Бутейко, Борис Болотов в тюрьме за свою книгу «Бессмертие — это реально». Диссидентов вылавливали, сажали в тюрьмы, а статьи в «Здоровье» были однообразны, бессодержательно пусты и стереотипно пошлы. Среди всего этого мог задохнуться мало-мальски живой ум, а я еще в одиночку решилась сразиться с этой болезнью!

Помогла мне моя профессия. Я инженер-геолог и большую часть своей жизни проводила в полевых условиях. Жили мы в палатках, где не было телевизора, но зато был старенький радиоприемник «Рекорд», по которому мы с коллегами ловили «Голос Свободы». Его тогда нещадно глушили, но мы умудрялись среди адского шума разбирать слова. На этой волне в 5:00 утра всегда передавали (и сейчас передают) все новинки о здоровье американской нации. В одной из этих передач я услышала следующее (воспроизвожу почти дословно).

Инсульт не грозит тем, кто ведет регулярный уход за зубами с помощью перекиси водорода и питьевой соды. Американские ученые, которые в течение 10 лет наблюдали за двадцатью тысячами пациентов, пришли к выводу, что это существенно снижает риск кровоизлияния в мозг. Рецепт такой: ***в 0,5 ч. ложки питьевой соды капнуть 5–6 капель перекиси водорода, размешать и нанести на марлевый или ватный тампон. Затем этим тампоном чистить зубы и слегка массировать десны в течение 4–5 минут. Эту процедуру надо делать утром после сна. Можно и вечером перед сном.***

С тех пор я до сегодняшнего дня провожу эту процедуру ежедневно, ведь перекись водорода дешевое, простое, доступное средство, которое применяется при промывании и дезинфекции открытых ран. Оно оказывает существенную помощь в лечении весьма серьезных болезней и позволяет успешно противостоять целой армии вредоносных бактерий и вирусов. И каков результат за 20 лет службы перекиси водорода? Начну с того, что зубы у меня в 64 года — все свои, зрение — 100%, читаю самый мелкий шрифт «ЗОЖ» без очков, речь четкая, память не нарушена, вкус, обоняние, аппетит — высшей пробы. О больном ухе не осталось даже воспоминаний. Я безмерно благодарна случайно подслушанной информации. Впрочем, сейчас уже и наши ученые утверждают, что если бы белые кровяные тельца нашей крови не производили перекись водорода (которую они вырабатывают из атмосферного кислорода и воды), то Земля давно уже принадлежала бы исключительно только бактериям, вирусам, грибкам, паразитам и другой нечисти.

Конечно, если вместе с применением такого рецепта использования перекиси водорода вести разумный образ жизни (а уж я-то знаю, что профессия геолога приучает к аскетичному образу жизни), требующий постоянной тренированности организма, то проблемы со здоровьем куда-то исчезают.

Мне 64 года. В течение 40 лет у меня постоянно была высокая скорость оседания эритроцитов (СОЭ — 35–40 мм/час). Обращалась ко всем врачам, пыталась найти причину, но тщетно. Пришла к выводу, что во время родов был занесен стрептококк, который находится в крови. Как от него избавиться — врачи не знали. Прочитав статьи профессора И. П. Неумывакина о перекиси водорода, сразу в них поверила и решила действовать. Сделала очистку кишечника и стала пить по схеме. Через 10 дней сдала анализы и не поверила своим ушам, когда врач сказал, что все показатели отличные. Даже ЭКГ стала в норме, хотя раньше было нарушение проводимости. Радости моей, конечно, не было предела. Страдать 40 лет и за 10 дней стать здоровой.

Л. Ясько, Волгоград

У моего мужа тяжелый ушиб головного мозга. Инвалид I группы. Парез левой стороны, в том числе языка. Потерял ощущение вкуса, обоняния, чувство аппетита и насыщения едой, восприятие света, речь, память и так далее, много чего. Я сама инвалид II группы: бронхиальная астма, стенокардия (все болячки долго перечислять). После интервью Неумывакина с 26 марта стали принимать без совета с врачами перекись водорода 2 раза в день по 10 капель плюс два драже витамина С. Решили так: нам нечего терять, авось поможет. И начало есть! Муж стал говорить, перестала выпадать с левой стороны изо рта пища, появилось чувство голода и сытости, стал различать — соленое или нет, улучшился цвет кожи, стал запоминать остановки. У меня тоже есть некоторые, хотя и не такие, как у мужа, сдвиги.

Т. Вербило, Красноярск

✉ *У мужа аденома предстательной железы. Перенес две операции. Ухудшилось, несмотря ни на что, отхождение мочи и состояние кишечника. После прочтения «ЗОЖ» стал принимать перекись водорода. Итог: показатель ПСА снизился с 6,6 до 2,0, что является нормой, наладилась работа мочевого пузыря, ночью редко встает, тогда как раньше это было не меньше 3–5 раз. Кишечник нормально заработал.*

Л. Гринберг, Саратов

✉ *С 35 лет страдаю гипертонией, аритмией, тромбофлебитом с постоянной отечностью ног. После пункции костного мозга в течение 20 лет донимал радикулит — лечили, но все равно ходила как вопросительный знак. Начала пить перекись водорода. После первого десятидневного курса ничего особенного не заметила. Но после второй десятидневки со мной стали происходить чудеса. Исчезла аритмия, кровяное давление, которое меньше цифры 160/100 не опускалось, стало 120/90, пастозность и отечность ног, где были явления тромбофлебита, также исчезли. Но, что удивительно, у меня распрямилась спина, и волосы стали чернеть.*

Галина Константиновна, 65 лет, Москва

✉ *Здравствуйте, уважаемый Иван Павлович! Получила Вашу книгу*, написанную вместе с Людмилой Степановной, — это кладезь мудрости и простых рекомендаций, которых не встречала ни в одной книге, касающейся народной медицины. Вот уже восемь месяцев выполняю все рекомендации и пью перекись водорода, а также закапываю в нос. Огромное Вам спасибо за это! Я забыла, что такое*

* Имеется в виду книга И. П. Неумывакина и Л. С. Неумывакиной «Эндоэкология здоровья».

головная боль (диагноз: головная боль напряжения, который поставили врачи без всякого объяснения причины), и практически не вспоминаю о боли в суставах.

Но меня волнует лишь один вопрос: можно ли принимать перекись водорода при беременности? Мне 32 года, и я не теряю надежды родить еще одного ребенка.

Ю. Журавлева, Волгоград

Комментарий. Уважаемая Юлия! Как написано в книге, противопоказаний для приема перекиси водорода в рекомендуемых дозах нет. Тем более это относится к беременности, когда ребенку необходима чистая среда, без патогенной микрофлоры, что возможно только благодаря перекиси водорода.

Как известно, вестник «ЗОЖ» пользуется значительным успехом в Америке. Разумеется, среди русскоязычного населения. Более того, многие американские поклонники нередко пишут в Россию письма. Самый активный среди них — человек, перенесший инсульт и скрывающийся под псевдонимом ЭНГЭ. Приведем фрагмент из его материалов под рубрикой «Жизнь после инсульта», в частности — «Мне помогает перекись водорода».

Ознакомившись с материалами И. П. Неумывакина о перекиси водорода, решил вам написать. У меня появился интересный материал, подтверждающий теорию и практику профессора.

Мне лично 3%-ный раствор перекиси водорода помогает. Приведу лишь один пример. После перенесенного инсульта у меня появилось много неприятных, так называемых побочных эффектов, от назначаемых врачами химических препаратов, которые усложняли и без того сложное мое положение.

В частности, с помощью перекиси водорода мне удалось избавиться от бородавок, появившихся у меня в очень неудобном месте — в промежности. Врачи, к которым я обратился, предложили удалить их оперативным методом. Однако, предполагая возможные в моем плачевном положении осложнения, я решил прибегнуть к помощи перекиси водорода.

Перед сном с помощью жены я накладывал тампоны из салфеточной бумаги, смоченные 3%-ным раствором, прямо на пораженные места, оставляя их до утра. Эту процедуру я проделывал в течение 3 недель. И каково было мое удивление, когда однажды утром я обнаружил, что все бородавки куда-то исчезли. До этого мне их удаляли несколько раз каким-то прижигающим прибором, но они появлялись снова на тех же местах.

Если говорить об отношении к перекиси водорода деятелей от официальной медицины, то в большинстве своем они однозначно «против». И мудрствовать особо нечего: продажа дорогих лекарств во много раз выгоднее, нежели перекиси водорода. Между тем не иссякают попытки создавать и продавать лекарства на основе той же перекиси со всевозможными неработающими добавками, но уже по цене, многократно превышающей стоимость «основы». И, представьте, люди покупают эти красивые баллончики и пузыречки, ибо они имеют мощную рекламную поддержку (то же самое происходит, между прочим, и в России).

Следует заметить, что во всех этих продуктах содержание кислорода намного меньше, чем в обычной перекиси водорода.

Между тем, содержание кислорода — важный момент. Иван Петрович Павлов в свое время сказал, что жизнь — это постоянная борьба с недостаточностью кислорода. Знаменитое высказывание всемирно признанного ученого относится ко всему живому на нашей планете.

Известно, что перекись может действовать как катализатор в плазме и в белых кровяных клетках. Она способна проникать через клеточные мембраны эритроцитов и снабжать их дополнительным количеством кислорода.

Кстати, клетки нашего организма, которые борются с инфекциями, называются гранулоцитами. Они производят перекись водорода и являются как бы первой линией защиты от бактерий и вирусов.

Присутствие в организме человека молекул перекиси водорода играет огромную роль. Они вовлечены во многие сферы жизненно важных процессов, происходящих в нашем теле. Не собираясь развивать курс по микробиологии, хочу только отметить, что протеины, карбогидраты, витамины и минералы, дабы участвовать в исполнении жизненно важных функций, требуют обязательного присутствия перекиси водорода. Не случайно в научной медицинской литературе было опубликовано более шести тысяч научных исследований по применению перекиси водорода, повторяю — этого простого, дешевого и в значительной степени универсального средства. Но официальная медицина предпочитает умалчивать о нем. Зато вовсю рекламируются баснословно дорогие препараты, эффект которых досконально не изучен и последствия приема не ясны.

Так что будьте здоровы и не торопитесь принимать лекарства, не имея о них подробной и понятной информации.

Перекись водорода — мощный источник атомарного кислорода, и к тому же она вовлечена в процесс, при котором клетки крови уничтожают вредные бактерии. Именно поэтому я продолжаю полоскать рот составом перекиси и, откровенно говоря, чувствую, что общее мое состояние улучшилось. Кроме того, как я уже писал, мне удалось с помощью той же перекиси избавиться от бородавок, которые мешали двигаться, и жизнь заулыбалась мне снова. Теперь я сам в состоянии делать то, чего не мог делать ранее. Огромное спасибо редакции и профессору Ивану Неумывакину. Вы подтолкнули меня использовать для лечения перекись водорода, и результат, к счастью, получился положительный.

Уникальность перекиси водорода еще и в том, что ее можно использовать совместно с другой терапией. Важно только знать, что принимать перекись водорода необходимо всегда раздельно, на пустой желудок и никогда не смешивать с другими препаратами...

ЭНГЭ, Калифорния

Некоторые больные в своих письмах приводят данные о дискомфортных ощущениях после приема перекиси водорода внутрь: тяжесть в желудке, пульсирующие боли, что вызывает беспокойство по поводу образования язв или возникновения рака в результате разъедания слизистой желудка и т. п. По этому поводу следует сказать следующее: действительно перекись водорода в желудке вступает в реакцию с жирными кислотами, образуя гидроксильные радикалы, что является основным фактором возникновения многих заболеваний. Но как вы уже знаете, в организме образуется много ферментов, в том числе каталаза, которая разлагает перекись водорода на воду и атомарный кислород, но в желудке этих ферментов мало или вообще не бывает, в зависимости от его состояния.

Однако, как пишет в своей книге У. Дуглас: в ответ на заявление японских исследователей, давших отрицательный отзыв на применение перекиси водорода внутрь, Департамент по пищевым и лекарственным продуктам США в 1981 году заявил следующее: «...изучив все материалы, касающиеся перекиси водорода, считаем, что они недостаточны для того, чтобы считать перекись водорода канцерогенным веществом, вызывающим рак двенадцатиперстной кишки».

По собственному опыту и данным У. Дугласа, считаю, что если суточная доза не превышает 30 капель, а разовая — 10 капель, то такая доза безопасна. В случае же появления каких-либо реакций надо на время прекратить прием или уменьшить дозу. И что очень важно: прием перекиси водорода всегда надо осуществлять на пустой желудок, что бывает за 30–40 минут до еды или через 1,5–2 часа после.

Внутривенное введение перекиси водорода

Следует обратить ваше внимание на то, что наиболее чувствительны к недостатку кислорода мозг, сердце и сетчатка глаза. И тут на первый план выступает внутривенное введение перекиси водорода. Это не только обеспечение кислородом указанных органов и очистка сосудов, в том числе позвоночной артерии, но и восстановление многих функций головного мозга и функции зрительного нерва при его атрофии, что, как правило, не лечится, и человек становится слепым.

В связи с тем, что практически при любых заболеваниях организм живет на голодном пайке кислорода, *первое* внутривенное введение по 60 капель в минуту производится из расчета 2 мл 3%-ной перекиси водорода на 200 мл физраствора (0,03%) — своего рода сенсибилизирующая доза. Последующие процедуры проводятся по 5, 8 и 10 мл 3%-ной перекиси водорода на 200 мл физраствора (0,15–0,20%).

При повторении курса также надо начинать с малых доз и малой концентрации, а при тяжелых случаях заболевания даже доводить до 15 мл 3%-ной H_2O_2 на 200 мл физраствора.

Количество инъекций, проводимых ежедневно, зависит от характера заболевания. В ряде случаев уже после 3–5 процедур наступает значительное улучшение, но, как правило, необходимо до 10–12 процедур, а иногда до 15–20.

Так как организм еще не переходит на режим собственного получения H_2O_2 — для этого необходима перестройка всей жизни: изменение питания, двигательной активности, очищение организма от шлаков и т. д., — то в последующем необходимо вводить H_2O_2 через 1–2 дня одну неделю, затем через 3 дня — 1 раз в неделю до получения выраженного эффекта.

В своей практике мы использовали 3%-ную перекись водорода, приготовленную в аптеках для акушерской практики, где указывается срок годности 15 дней. Такая перекись имеет меньше свинца.

Однако многие ищут такую перекись и не находят ее в аптеках: ее готовят только для родильных домов. Поэтому используйте ту, что продается в обычных аптеках, где иногда даже не указывается ее процентное содержание, так как она всегда продается 3%-ной концентрации.

Внутривенное введение H_2O_2 обычно связано с использованием одноразовой системы для перфузионных растворов, что сопряжено с определенными условиями: при проведении процедур в стационарных или домашних условиях больной должен лежать, и ему проводят капельное введение H_2O_2.

При работе в космонавтике от нас требовали разработки таких методов и средств, которые были бы простыми в использовании, надежными, эффективными и применяемыми практически в любых условиях. В данном случае мы поступили так же: H_2O_2 вводим с помощью 20-граммового шприца.

Делается это так: *берется 20-граммовый шприц, в него набирается* ***0,3–0,4 мл 3%-ной H_2O_2 на 20 мл физраствора***, что составляет 0,06%-ный раствор. Готовый раствор вводится в вену медленно, вначале 5, а затем 10, 15 и 20 мл в течение *не менее 2–3 минут.* Это своего рода привыкание организма к большим дозам атомарного кислорода. Затем ***1 мл 3%-ной перекиси водорода, что составляет 0,15%. В последующем эту дозу можно увеличить до 1,2–1,5 на 20 мл физраствора.*** Таким образом, значительно упрощается проведение процедуры, особенно при оказании неотложной помощи где угодно.

Вот одно из многочисленных писем, повествующее об опыте читателя по внутривенному введению перекиси водорода.

Из отзывов

Прочитала в «ЗОЖ» статью о перекиси водорода и хочу поделиться своим опытом.

У меня тяжело болел муж. Опухоль головного мозга. Мучили страшные боли, обезболивающие не помогали. Как крайнюю меру я предложила ему лечение перекисью водорода. Он согласился, сказав: «Не все ли равно, от чего умирать, а может, и поможет». Не скрою, было страшно. Потому что мы, медики, привыкли применять перекись для других целей.

Я стала ему вводить перекись внутривенно 0,6 мл на 10 кубиков дистиллированной воды. Когда кровь попала в шприц, весь объем шприца наполнился пузырьками розового цвета, но я очень медленно продолжала вводить содержимое шприца. С ужасом ждала, что вот сейчас у меня на руках муж умрет — возьму грех на душу. К моему облегчению и удивлению, у мужа стали постепенно утихать головные боли, улучшилось состояние.

Татьяна Леонидовна

✉ *Я болею рассеянным склерозом. Благодаря введению внутривенно перекиси водорода по рекомендации профессора И. П. Неумывакина я смогла проехать 4000 км в качестве пассажира без проблем.*

Л. Мельник, Ханты-Мансийский автономный округ

Комментарий. Несколько строчек, а сколько мучений одна только перекись водорода сняла у больных, которые официальной медицине были уже не нужны.

Обобщая данные об использовании перекиси водорода, проводимом врачами «подпольно» как в клиниках, так и на дому, собственные наблюдения и сотни писем в «ЗОЖ» (а это тысячи больных в основном с запущенными хроническими заболеваниями, которым официальная медицина помочь уже не может), хочется сказать следующее. Осторожность врачей при первых манипуляциях с внутривенным введением перекиси водорода была понятна: уж очень все просто, а пузырьки? а вдруг это вызовет эмболию (закупорка сосудов)? и т. п. Но этот страх быстро проходил, и в дальнейшем уже возникал присущий новаторам интерес, что получится в том или ином случае, тем более что больные сами настаивали на том, «что им терять нечего, чем так жить, мы готовы на все, это наша последняя надежда». Примерно по такой схеме и шло использование перекиси при самых различных заболеваниях. И с каждым новым случаем для врачей уже не представляло трудности использовать перекись водорода в различных сочетаниях как внутривенно, так и для приема внутрь, местно, с клизмами, в том числе, конечно, и с УФО крови, значительно повышающим результативность лечения.

Если повышается температура, то через 2–3 процедуры введения внутривенно перекиси водорода малой концентрации и количества температура становится нормальной. Объяснение этой реакции обычное: во-первых, на фоне постоянного пребывания тканей в состоянии гипоксии клетки остро реагируют на возможность устранения дефицита кислорода (как при пребывании в лесу городского человека после задымленного воздуха города), во-вторых, воздействие атомарного кислорода на различного рода патогенную микрофлору вызывает ее гибель и выделение при этом токсических веществ, что связано с повышением температуры (реакция Герксгеймера).

Меры предосторожности при внутривенном введении перекиси водорода

- При внутривенном введении перекись водорода нельзя смешивать или вводить вместе с другими лекарственными средствами, так как при этом происходит их окисление и нейтрализация лечебного эффекта.
- При быстром введении перекиси водорода возможно образование большого количества пузырьков кислорода, и хотя они не представляют особой опасности, но в месте введения перекиси или по ходу сосуда могут возникнуть болевые ощущения. Надо уменьшить количество вводимой перекиси водорода с 50–60 капель в минуту до 30 капель или прекратить введение. При первом введении шприцом вводить медленнее или прекратить введение.
- Перекись водорода нельзя вводить в сосуд при наличии в нем воспалительных процессов.

- Иногда наблюдается покраснение и боль в месте введения перекиси водорода, что устраняется холодным компрессом.
- При лечении перекисью водорода исключается прием алкоголя и курение.

Еще раз повторяю, что при введении перекиси водорода возможна непредсказуемая реакция — повышение температуры до 40 °С, что связано с быстрым уничтожением атомарным кислородом любой патогенной микрофлоры и вызванной этим интоксикацией. Вот почему эта процедура должна проводиться врачом, знакомым с действием перекиси водорода в организме. Как правило, после 1–3 инъекций этой

3-й Международный конгресс по народной медицине, 10–12.09.04. И. П. Неумывакину непосредственно в зале заседаний внутривенно вводят перекись водорода, причем в дозе, в 3 раза превышающей им рекомендуемую. Иван Павлович на следующий день, как обещал, жив и здоров!

реакции не наблюдается, а после такого временного ухудшения состояния наступает выздоровление. После проведения внутривенных вливаний перекиси водорода необходимо 1–2 часа отдыхать, не делать резких движений, попить чаю с медом.

Также следует иметь в виду, что при внутривенном введении перекиси водорода шприцом через несколько процедур вена может как бы утолщаться из-за реакции на перекись. Поэтому после первых нескольких введений через шприц следует переходить на систему для переливания крови (60 капель в минуту), что дает более выраженный лечебный эффект, или использовать ректальный способ.

Ректальный способ введения перекиси водорода (клизмы)

Так как внутривенное введение перекиси водорода капельно официальной медициной игнорируется, не говоря уже о введении ее шприцом, пропагандисты этого метода нашли еще один путь введения перекиси водорода – клизмой. Я этот метод в своей практике использую уже более 10 лет, правда, нигде не публиковал.

В газете «Здоровый образ жизни» (№ 8 за 2005 год) ректальный метод введения перекиси водорода подробно изложен Э. Поздеевой, ученицей профессора А. Т. Огулова, удивительного народного умельца, с которым свела меня жизнь более 15 лет тому назад на пути возрождения традиционной народной медицины. Только в этом интервью не указана дозировка перекиси. Метод этот имеет ряд преимуществ: им может воспользоваться каждый самостоятельно, без привлечения специалистов, потому что он очень прост.

Система для ректального введения перекиси. В аптеке покупается одноразовая система для переливания крови, игла на наконечнике выбрасывается. На другом конце системы оставляем иглу, с помощью которой к системе подсоединяется флакон с физиологическим раствором (также покупается в аптеке).

Приготовление раствора. На 200 мл физраствора вначале берется 5 мл 3%-ной перекиси водорода, впоследствии (при отсутствии дискомфортных ощущений) можно увеличить количество перекиси до 10 мл, то есть вводимый раствор будет варьироваться от 0,07 до 0,15%.

Обязательные условия. Перед началом процедур надо обязательно очистить кишечник. Достаточно простой способ: перед сном по 80 мл хорошего коньяку и касторового масла выпить залпом, для вкуса можно добавить 80–100 мл кефира. Кстати, этот способ очистки кишечника будет способствовать изгнанию глистов. Детям до 5 лет — по 20 мл коньяка и касторки, до 10 лет — по 40 мл, до 15 лет — по 60 мл, с добавлением кефира 100 мл. Проделав такую очистительную процедуру 5 дней подряд, можно приступать к клизмам с перекисью водорода. При этом перед каждой клизмой с перекисью надо сделать обычную клизму: 2 л кипяченой воды комнатной температуры с добавлением сока пол-лимона и 1 ст. ложки яблочного уксуса, детям соответственно в 2 раза меньше.

Введение раствора. Смазать наконечник вазелином и поглубже ввести его в прямую кишку, лечь удобно на бок. Далее с помощью пластикового движка регулируем подачу жидкости со скоростью 60 капель в минуту. Перед введением раствор чуть подогревается до 36–37 °С. Детям вводится меньшее количество: до 8 лет — 100 мл, до 15 — 200 мл. Делать клизмы через день, 9–12 процедур. Через 2–3 месяца повторить. При язвенном колите процедуру делать в меньшем объеме: взрослым 100–150 мл, детям 50–75 мл.

Внимание! После 3–4 процедур возможно незначительное повышение температуры, слабость и даже тошнота. Это связано с гибелью многих паразитов, за счет чего увеличивается общая интоксикация организма. Ничего страшного в этом нет: попейте побольше чуть подсоленной воды, яблочного сока, различных сорбентов.

Этот метод в ряде случае оказывается более эффективным, например, при лечении любых форм дисбактериоза, кандидозов, вирусных инфекций, уреаплазмозов, заболеваний женской и мужской половых сфер, атеросклероза, простатита, аденомы, аднексита, заболеваний легких, кист, миом, полипов, различных заболеваний почек, печени, поджелудочной железы, заболеваний нервной системы, в том числе рассеянного склероза и болезни Паркинсона, начало которых, в первую очередь, связано с плохой работой желудочно-кишечного тракта, особенно возникновением запоров, что является первичным в возникновении этих заболеваний. Нелишне напомнить, что проведение подобной процедуры будет служить хорошим подготовительным процессом нормализации репродуктивной функции (подготовка к беременности), восстановлению работы всех тазовых органов, крово- и лимфотоку.

И хотя доктор Э. Поздеева считает, что наличие онкологии является противопоказанием для применения этого метода, практика показывает, что кислород является грозным оружием, уничтожающим раковые клетки. Ведь раковые клетки возникают в бескислородной среде и в зашлакованном, грязном организме. Если же организм, начиная с желудочно-кишечного тракта, чист внутри и, следовательно, клетки достаточно снабжаются кислородом, раковые клетки в принципе не могут проявлять себя. Даже при запущенной онкологии я предлагаю этот метод, только использую микроклизмы по 120–130 мл с добавлением 1–2 ч. ложек перекиси водорода.

Вы теперь, в отличие от врачей, уже достаточно осведомлены, чтобы понять, что перекись водорода — это вещество органичное организму, так как она вырабатывается им самим и ничего плохого от ее дополнительного введения ожидать нельзя, только надо соблюдать осторожность при дозировках. Есть сообщения, что в США для придания сокам хорошего вкуса, клюквенного, брусничного, добавляют 0,1%-ный раствор перекиси водорода.

Не забывайте, что сама перекись водорода является хорошим дезинфицирующим средством: 1 ч. ложка 3%-ной перекиси на 1 л воды делает воду абсолютно стерильной.

Условия хранения и использования перекиси водорода

Хранить перекись водорода лучше в темной посуде. Однако практический опыт работы с перекисью водорода показывает, что она кипит при температуре 67 °С, после чего ее качества сохраняются. Следовательно, перекись водорода не теряет своих свойств даже при хранении в светлой посуде (что уже можно встретить в аптеках). Только хранить ее надо в герметично закрытой посуде в темном месте, так как соприкасаясь с воздухом, она быстро разлагается. Если соблюдены все требования хранения перекиси водорода, то срок ее годности до 2 лет. Набирать необходимое количество H_2O_2 надо так. Взять 1- или 2-граммовый шприц, отвинтить наружную крышку бутылочки с перекисью и, не открывая внутреннюю, проткнуть ее иглой и набрать перекиси водорода столько, сколько вам надо. Так вы дольше сохраните ее концентрацию.

Показания к применению перекиси водорода

У. Дуглас в своей книге «Целительные свойства перекиси водорода» приводит материалы, свидетельствующие о том, что среди существующих в настоящее время заболеваний практически нет таких, при которых не могла бы применяться перекись водорода.

Со своей стороны, еще раз подчеркну, что перекись водорода является необходимым *регуляторным механизмом при нарушениях обменных процессов в организме*, независимо от их природы, будь то нарушения в сердечно-сосудистой, дыхательной, нервной, эндокринной и других системах. Разница только в схемах лечения. Для начальных форм заболевания иногда достаточно 3–5 процедур внутривенного вливания H_2O_2, чтобы получить лечебный эффект, а для хронических – от 10 до 20 процедур с постепенным увеличением времени между процедурами: через день (в течение 2–3 недель), 1 раз в неделю (2–3 раза).

Так как перекись водорода уничтожает любую патогенную микрофлору, то ее используют *при любых вирусных инфекциях, грибковых заболеваниях, гнойных инфекциях, дисбактериозе кишечника* и таком грозном заболевании, как кандидоз.

Особенно активна перекись водорода при *любых расстройствах сердечно-сосудистой системы: заболеваниях сосудов головного мозга, периферических сосудов (церебростения, рассеянный склероз, болезнь*

Паркинсона, болезнь Альцгеймера), при любых патологических проявлениях, наблюдающихся в области сердца (стенокардия, ишемия, инфаркт, в том числе и в острый период), при варикозном расширении вен, тромбофлебите, при ишемическом или геморрагическом инсульте, облитерирующем эндартериите и др.

Достаточно хороший эффект перекись водорода дает при *инсулиннезависимом диабете* и показывает положительную динамику при *инсулинзависимом диабете*.

Конечно, очень часто мне задают вопрос: действительно ли перекись водорода может вылечить рак?

Лечение раковых больных — это довольно сложный процесс, зависящий от степени развития опухоли, ее локализации. Использование химио- и радиотерапии официальной медициной было основано на том, что раковая клетка якобы более чувствительна к такого рода воздействиям и это замедляет ее рост. Доказывалось также, что раковая клетка размножается гораздо быстрее, чем здоровая. Однако последние исследования показали, что раковая клетка делится медленнее, чем здоровая. Ведь здоровые клетки делятся со скоростью их разрушения: сколько погибло, столько и возникло, а раковая клетка в этом отношении просто не поддается контролю, и новая клетка (по своей программе) производится чуть быстрее, чем разрушается старая. Вот почему и образуется опухоль, тем более, что после облучения в организме резко увеличивается количество свободных радикалов, что само по себе способствует образованию опухолей (Н. Эмануэль).

Кризис медицины в подходе к лечению онкологических заболеваний лежит, так же как и в других областях медицины, не в поисках причин их возникновения, а в устранении симптомов или хирургическим, или химио-, радиотерапевтическим путем, что, как показывает практика, в большинстве случаев безрезультатно.

Перекись водорода ни при приеме внутрь, ни при внутривенном вливании не является способом лечения рака. Но поскольку рак образуется только в бескислородной среде, а перекись водорода как раз устраняет это явление, то при онкологических заболеваниях перекись водорода может служить наиболее эффективным подспорьем для лечения, еще лучше в сочетании с методами, применяемыми официальной медициной, но не в таких губительных для клеток дозировках.

Хирургическое же вмешательство дает эффект только в самом начале возникновения опухоли, и то в последнее время практики стали замечать, что хирургическое вмешательство открывает доступ активизирующему кислороду и образованию большего количества свободных радикалов, что, в свою очередь, способствует образованию метастазов.

Следует иметь в виду, что если применение перекиси водорода при острых состояниях оказывает эффект после нескольких процедур, то хронические заболевания, такие как бронхиальная астма, требуют длительного времени приема перекиси водорода, например 1–2 раза в неделю на фоне периодического приема внутрь и местного использования. Улучшается реология (текучесть) крови и, естественно, снабжение кислородом больных клеток.

Того же самого можно достичь с помощью обкалывания опухоли перекисью водорода или введения перекиси в место локализации опухоли. Наблюдались случаи, когда на фоне значительно уменьшенных доз химио- или радиотерапии, проводившихся в сочетании с внутривенным введением перекиси водорода и одновременным УФО крови, достигался лучший эффект с менее выраженными последствиями химио- и радиотерапии, что, конечно, заслуживает особого внимания.

Возможно и наружное воздействие на опухоль (находящуюся на поверхности) путем накладывания компресса неразведенной, начиная с 3%-ной и повышения концентрации до 15–30%, перекиси водорода, причем происходит выжигание опухоли, после чего на ее месте не остается никаких признаков, даже если опухоль имела кровоточащий кратер. Особенно это даст хороший эффект при таком тяжелом заболевании, как меланома.

Еще раз повторюсь. Успешное применение перекиси водорода при *раковых заболеваниях* объясняется тем, что раковая клетка может жить только в бескислородной среде и атомарный кислород является для нее гибельным. Как показала практика, противораковая терапия в сочетании с применением перекиси водорода более эффективна, чем без нее.

Перекись водорода эффективна также при *любых иммунодефицитных состояниях*, таких как *красная волчанка, ревматоидный полиартрит, любые аллергические проявления*.

А сколько неприятностей приносит людям *плохой запах изо рта*, причиной которого являются *заболевания зубов, дисфункция пищеварительной системы, заболевания носа и носоглотки*. Простое полоскание 0,1–0,3%-ной перекисью водорода избавляет от этого недуга.

В жизни не обходится без падений, переломов, особенно в пожилом возрасте, и здесь для *улучшения регенерации и более быстрого сращения переломов* окажет свою помощь перекись водорода.

Не следует только забывать, что образование в организме перекиси водорода и, следовательно, получение им атомарного кислорода зависит от иммунной системы, 3/4 элементов которой находится в желудочно-кишечном тракте, в котором, как уже доказано, кишечные палочки сами вырабатывают перекись водорода. И как и сама иммунная система, так и желудочно-кишечный тракт нуждаются в постоянной заботе: необходимо постоянно поддерживать чистоту всей пищеварительной системы, о чем уже говорилось в книге.

В организме все взаимосвязано и взаимозависимо, одно зависит от другого, и все должно работать как в хорошо отлаженной системе, в противном случае — болезнь неизбежна.

Более подробно о том, что представляет собой человек как частица Мироздания, о причинах возникновения заболеваний и способах их лечения и, главное, предупреждения читайте в книге «Эндоэкология здоровья», написанной мной вместе с супругой, Людмилой Степановной Неумывакиной. По мнению многих читателей, она является одной из лучших, освещающих тему народной медицины.

Противопоказаний для приема перекиси водорода внутрь нет.

Абсолютным противопоказанием для внутривенного и внутриартериального введения перекиси водорода, по данным Ижевской медицинской академии, являются: ***афибриногенемия, капилляротоксикоз, тромбоцитопеническая пурпура, гемофилия, гемолитические анемии, ДВС-синдром.*** В остальных случаях противопоказаний для внутривенного и внутриартериального введения перекиси водорода, в рекомендуемых дозах с соблюдением методики, нет. Однако хочу предупредить: внутривенный вариант использования перекиси водорода желателен только под наблюдением врачей. Некоторые из них — а их становится все больше — на свой страх и риск проводят подобную процедуру. Вам же, читатели, могу только посоветовать искать таких врачей.

Если озон является довольно чистым кислородом (атомарным кислородом) и широко используется в медицине, то перекись водорода вызывает у официальной медицины неприятие. Во-первых, заявляют, что при введении перекиси водорода образуются пузырьки воздуха (атомарный кислород), которые якобы могут закупорить сосуды (инсульт). На эту тему я уже говорил. Просто медики не хотят разобраться в процессах действия перекиси водорода и проявляют элементарное незнание предмета.

Во-вторых, вред от применения перекиси они объясняют большим содержанием в ней свинца и цинка. Конечно, 3%-ная перекись водорода, продаваемая в аптеках, не совсем чистая и содержит эти металлы, о чем вы уже знаете. Возможно, в своих интервью газете «Здоровый образ жизни» и в предыдущем издании «Перекиси водорода» я был излишне категоричен, говоря, что аптечную перекись водорода можно применять в течение всей жизни. Известно, что соли тяжелых металлов даже в малых дозах могут создавать в организме кумулятивный эффект, то есть накапливаться. Особенностью действия свинца на организм является поражение нервной системы, особенно у детей, ибо органические соединения свинца в организме превращаются в неорганические, что вызывает явления хронической интоксикации. При этом может отмечаться быстрая утомляемость, раздражительность, бессонница, возможны боли в мышцах, суставах, незначительное онемение в пальцах рук. Эти явления усиливаются при зашлакованности организма, что наблюдается практически у всех людей, не придерживающихся активного образа жизни и правильного питания.

Вот почему у наших пациентов, которым по нашей технологии проведена чистка организма, за последние 3–4 года активного использования перекиси водорода никаких явлений, характерных при накоплении свинца, не наблюдается. Конечно, мы рекомендуем делать перерывы в приеме перекиси, так как чистый организм сам начинает вырабатывать перекись водорода.

Есть сведения, что Уильям Дуглас для очистки перекиси от свинца применяет дорогостоящую установку, что еще больше повысило авторитет перекиси водорода. Наша официальная медицина вряд ли пойдет на это, потому что даже при дорогой очистке сама перекись будет многократно дешевле и эффективнее многих лекарств и операций. Ради получения прибыли они пойдут на любую дискредитацию этого метода. А ведь можно было бы специально готовить для внутривенного введения акушерскую перекись высокой очистки, в которой свинца почти нет. Не исключаю, что кто-нибудь из мира бизнеса и воспользуется этим и за большие деньги будет использовать данный метод оздоровления. Но только не те, кто должен отвечать за здоровье нации: им лишние хлопоты не нужны.

Что касается внутривенного введения перекиси водорода шрицом, то, как показывает многолетняя практика, этот метод хорош в экстренных случаях оказания медицинской помощи, так как при его длительном применении могут наблюдаться флебиты (воспаление вен), которые купируются холодными компрессами. Но при первой возможности надо переходить на внутривенное введение с помощью капельницы, да и ректальный способ практически ему равнозначен.

Заканчивая этот раздел, хочу еще раз подчеркнуть, что определяющая роль всех физиологических процессов в организме зависит от атомарного кислорода. Если будет создан прибор, определяющий в тканях оптимальный уровень атомарного кислорода и, тем более, автоматически его поддерживающий, это сделает человека здоровым, а 90% всей медицины и фармакологии окажутся ненужными.

ВОДА – ОСНОВА ЖИЗНИ

Не знаю, что тому является причиной, но из поля зрения современного здравоохранения совершенно выпало такое универсальное средство, как вода, этот жидкостный «конвейер», роль и значение которого для человека трудно переоценить. От качества работы этого жидкостного «конвейера», которая определяется структурой, чистотой, текучестью, биологической активностью как основного источника энергии, зависит вся наша жизнь. Вот почему я в своих последних книгах стараюсь восполнить этот пробел и обратить в первую очередь ваше внимание, так же как и внимание врачей (которые, к сожалению, зацикливаясь на использовании химических лекарств, не включают в арсенал оздоровления такое сильнейшее природное средство) на воду. И не в том ли причина, что на воде и перекиси водорода много не заработаешь, прибыли не получишь никакой, и получается, что здоровье нации по-настоящему мало кого интересует по-настоящему. Как можно относиться серьезно к тому, что от врачей будут требовать лечения больных (по результатам которого врачи и будут получать зарплату), основываясь на все более дорогих лекарствах, да еще заморского происхождения, объем которых на нашем рынке составляет уже более 80%? И получается, что деньги, отпущенные на здравоохранение, будут направлены не на собственную фарминдустрию, которая во все времена была лучшей в мире, а на развитие других стран. Здравомыслящие люди давно отмечают, что подобное реформирование, в частности и здравоохранения, приближает нас к тому, что здоровых людей в нашей стране будет все меньше, а больных уже некому будет лечить, а старых кормить. Ведь ни для кого не секрет, что не по карману большинству людей посещение дорогих медицинских центров, где один курс обходится в 10 и более тысяч рублей, а суставы болят, спина не разгибается, и поход к стоматологу тоже стоит недешево — одна пломба стоит около 1000 рублей, а уж не приведи господи, делать операцию — если и помогут родственники, то потом больному приходится отдавать долги пару лет.

По сему по этому нельзя не удивляться близорукости тех, от кого зависит здоровье нации. А здоровье нации — это интегральное понятие, включающее комплекс социальных, экономических и других сфер, фактически полностью разрушенных в стране, что привело к постоянной психологической напряженности людей, неуверенности в завтрашнем дне при отсутствии государственных целевых программ, в первую очередь обеспечивающих заботу о здоровье людей — главного богатства государства.

Простите за такое пространное отступление, но наболело... Теперь поговорим о воде...

Следует сказать, что все обменные процессы, доставку питательных веществ и удаление продуктов жизнедеятельности клеток осуществляет жидкостный «конвейер». Здесь, как нигде, должен соблюдаться закон сохранения энергии: сколько, где израсходовано, столько должно быть пополнено. Если в сутки организм теряет 2–2,5 литра жидкости, значит, в него должно быть влито 2–2,5 литра и даже больше жидкости, в противном случае наступает обезвоживание организма, которое приводит вначале к функциональным, а затем и к патологическим изменениям. При этом большую роль играет не только количество, но и качество воды.

Чтобы использовать более или менее чистую воду, в настоящее время развита целая индустрия. Правда, водоочистные сооружения очищают воду в основном от естественных загрязнений, удаляя лишь наиболее опасные высокомолекулярные примеси; удаление же или нейтрализация низкомолекулярных, наиболее токсичных загрязнений, очистными сооружениями водоканалов, как правило, не производится. Здесь мы наблюдаем один из выразительных парадоксов так называемой цивилизации: сначала человек делает все, чтобы испортить природное богатство, а потом ищет, часто тщетно, пути исправления содеянного.

В отличие от западных стран, где в целях дезинфекции воду озонируют, у нас ее хлорируют, а это вредно для здоровья. Соединяясь с органикой, хлор образует яд, своего рода разновидность диоксина, и хотя его мало, постепенно накапливаясь, он способствует отравлению организма. К тому же хлор вызывает коррозию труб, а потому вода, которую мы пьем, ко всему прочему еще и ржавая. И наконец, в воде находится много солей кальция, которые при кипячении выпадают в нерастворимый осадок (в чайнике образуется накипь желтого цвета, а при примеси солей железа – бурая). При употреблении кофе, чая, приготовленных на такой воде, эти соли попадают в организм и способствуют его зашлакованности и, соответственно, различным заболеваниям: атеросклерозу, артрозу, остеохондрозу, камнеобразованию в печени, почках и т. п.

Однако одной только чистоты (в той или иной степени) воды для живого организма все-таки недостаточно. Природная вода представляет собой хаотическое скопление молекул. Чтобы она начала работать в организме, ей необходимо придать определенную структурную форму, матрицу, напоминающую формулу льда. Только такая вода может быть переносчиком энергии. Учитывая, что наш организм, как и все живые существа, в том числе микробы и вирусы, на 2/3 состоит из воды, поддержание постоянства внутренней среды, в том числе и водной, является главным условием жизни, нарушение которого приводит к развитию заболеваний.

В природе существует около 50 форм состояния воды, которые можно отличить по форме кристалла: снежинки, сосульки, шарики и т. п. И важно знать, что биологическая информация — «память» воды — содержится как раз в кристаллических структурах. Наиболее физиологична для организма вода, содержащаяся в растительной пище, соках (разумеется, натуральных!), фруктах. Такими же свойствами обладает и талая вода, о которой пойдет речь чуть дальше.

Многие сегодня независимо от состояния своего организма увлекаются питьем минеральной воды. Однако минеральная вода бывает разная: в ней могут быть как неорганические, так и органические соли со щелочной или кислой реакцией, биологически активные вещества, углекислый газ, проходящий через толщу земли; она может быть подпитана электромагнитными и другими полями, поэтому каждая минеральная вода имеет свои показания и противопоказания. В ряде случаев, действительно, конкретная минеральная вода поможет вам улучшить обменные процессы, восстановить кислотно-щелочное равновесие, нормализовать функцию желудочно-кишечного тракта и т. п. Вместе с тем бездумное использование любой минеральной воды может ухудшить состояние здоровья, особенно при длительном применении.

Знаменитый энтузиаст здорового образа жизни П. Брэгг после 50 лет пил дистиллированную воду и советовал это другим. По моему мнению, делать этого не следует, и вот почему. В естественной воде, хотя и в ничтожных количествах, есть важные для организма примеси, энергия, так называемая прана, в воде дистиллированной — ее уже нет.

Многие употребляют только кипяченую воду. Но если учесть, что воду у нас очищают, как я уже сказал, с помощью хлора, то оказывается это не лучший вариант. При кипячении вредные свойства хлора лишь усиливаются, он переходит в тригалометан — канцерогенное вещество, которое, например, при приеме ванны всасывается внутрь обезжиренной с помощью мыла и шампуней кожей.

Что же делать?

Наиболее полезной считается талая вода. Готовится она следующим образом. Вода нагревается до стадии «белого ключа», когда она еще не кипит, а в ней происходит интенсивное дегазирование. Такую воду надо снять с огня, поставить кастрюлю в раковину и под струей холодной воды остудить, чем быстрее, тем лучше: она уже приобрела структурированную форму. Но чтобы повысить оздоровительный и лечебный эффект, затем ее необходимо поставить в холодильник, заморозить, а потом оттаять и тогда уже только пить.

Однако это еще не все. В воде содержится дейтерий, примеси металлов, химических продуктов. Дейтерия, являющегося источником ядерных реакций, в воде немного, где-то около 10 г на 1 т воды. От дейтерия освобождаются следующим образом. Когда вода остынет до температуры 3,8–3,5°С, на стенках лоточка, где находится вода, образуются корочки льда (это точка замерзания дейтерия). В этот момент воду надо слить, а лед выбросить, слитую же воду снова заморозить на 3/4 объема. Как правило, вода начинает замерзать с краев, а в центре остается лужица, в которой и находятся все вредные примеси, поэтому ее нужно вылить. Если вы пропустили момент с лужицей и вода полностью замерзла, не беда, возьмите кипяток и маленькой струйкой лейте по центру. Дав немного растопиться, выливайте. Оставшуюся часть оттаивайте — и вот она, полезная вода.

Именно такую воду пьют долгожители в горах, чтобы продлить жизнь. Такую воду пьют птицы, которые преодолевают громадные расстояния. В ней находятся минералы в форме отрицательно заряженных коллоидов, что делает их энергонасыщенными. Если летом приготовление такой воды представляет определенные трудности, то зимой, особенно в средней полосе России или на Севере, это не потребует большого труда и не займет много времени.

Далее, воду перед употреблением целесообразно дополнительно очищать. Для этого в настоящее время рекомендуются различные устройства с фильтрами. Однако наиболее физиологичными из них являются ***магнитотроны В. С. Патрасенко,*** одного из ведущих биофизиков страны. Его магнитотроны от своих аналогов отличаются не только конструктивной простотой устройства в целом, обеспечившего им отличительную стабильность работы. Магнитотроны освобождены от невоспроизводимости при повторении опытов. Изготовлены они на ферритобариевых постоянных магнитах и не требуют ни источника энергии, ни регулировки, ни специальной подготовки обслуживающего персонала. И если при замораживании вся содержащаяся в воде грязь собирается внутри, то при использовании магнитотронов, вода, становясь диполем, выдавливает грязь наружу. И при проникновении воды внутрь организма через мембраны клеток, грязь остается снаружи на стенках кишечника с последующим ее удалением.

Главным в магнитотронах является то, что по структуре и градиенту они точно повторяют магнитное поле Земли, без чего наш организм жить не может. Доказано, что каждая клетка живого организма является генератором электромагнитного излучения, соизмеримого с линейными размерами клетки. Комбинация постоянного и переменного магнитного поля влияет на проникновение ионов через мембраны клеток. Эффект омагничивания магнитотронами реализуется через принцип ядерно-магнитного резонанса (увеличение энергоемкости атомов), магнитострикции (изменение объема при намагничивании), и как следствие происходит диспергирование — дробление крупных молекулярных ассоциатов, образующихся в результате обезвоживания организма, восстановление структурной однородности, повышение текучести (реологии) и растворяющей способности. Вот почему магнитотроны В. Патрасенко, как ни одно другое устройство подобного рода, обеспечивают нормализацию работы жидкостного «конвейера», а следовательно, и всех органов и систем организма.

Очистить воду в домашних условиях можно следующими способами.

На 1 л обычной воды добавьте по 1–2 ч. ложки яблочного уксуса, меда и 3–5 капель йода. Микробы не только не могут размножаться в такой кислой среде, но и погибают через несколько минут.

Можно сделать и так. В воду положите небольшой кусочек кремня — вода становится чистой через 3–5 дней. При этом нижний слой воды употреблять нельзя.

Яичная скорлупа, освобожденная от внутренней пленки и чуть прокаленная на огне, или скорлупа от яиц, сваренных вкрутую, делает воду не только кристально чистой, но и насыщает ее ионами кальция. При этом сорбируются соли тяжелых металлов, дезактивируется хлор, уничтожаются вредные организмы, вода превращается в щелочную, в которой кислород усваивается гораздо лучше. На 3 л воды достаточно скорлупы от 2 яиц, причем заливать эту скорлупу новой водой можно 4–5 раз. Затем используется новая скорлупа.

Кстати, такая вода является одним из лучших средств пополнения организма кальцием, да еще, если добавить в нее немного лимонного сока, при этом образуется цитрат кальция, который идеально усваивается организмом в отличие от обычного, рекомендуемого врачами карбоната кальция, который кристаллизует кальций. Такую воду рекомендуется пить *при заболеваниях сердечно-сосудистой, дыхательной, нервной и других систем, при нарушении обменных процессов (артрозы, артриты и т. п.), при проблемах с волосами и др.*

Даже болотная вода, в которую положили листья рябины, через 3 часа становится чистой.

Обеззараживает воду и 3%-ная перекись водорода (в 1 л воды добавить 1ч. ложку 3%-ной перикиси водорода).

Существует до смешного простой народный способ определить, можно или нельзя пить воду из природного водоема, озера или пруда: надо плюнуть в воду, и, если плевок разошелся, смело пейте воду, если остался в виде сплошного пятна — держитесь от нее подальше.

А теперь еще раз, подробнее, коснусь вопроса **значения воды для организма**.

Вам наверняка приходилось слышать, как пожилые люди говорят, что им вообще не хочется пить. Можно ли это рассматривать как нормальное состояние организма? Разумеется нет! Просто в таком организме уже возникло множество проблем из-за нехватки воды в клетках.

В некоторых случаях врачи говорят, что нужно пить больше воды, не уточняя при этом, о какой воде речь: в виде чая, кофе, газированных напитков, пива и т. д. Такими советами врачи оказывают больным медвежью услугу. Подобный подход отражает элементарное незнание физиологических процессов, протекающих в организме. В этом вина не врачей, которые слепо выполняют рекомендации академических школ, диктующих правила поведения людей, исходя из своего узкопрофильного мира, что уже делает неполноценными их рекомендации.

Мне больше импонируют рекомендации известного целителя Б. В. Болотова, который советует после приема пищи, через 30 минут, взять в рот щепотку соли и вместе со слюной проглотить. По его мнению, выделение при этом дополнительного желудочного сока (соляной кислоты) способствует избавлению от старых клеток и чужеродной микрофлоры за счет дополнительного подкисления организма так же, как и его подсаливания. Кроме того, Болотов рекомендует прием крупиц соли через каждый час, не уточняя, сколько и какой жидкости при этом пить.

Другой народный целитель, П. Т. Борбат, рекомендует пить в основном кипяченую воду, различные чаи, воду с рассолом, но уже указывает, что количество выпитой жидкости вместе с первыми блюдами должно составлять не менее 4% веса тела. Рассол, кстати, содержит все самое полезное, что находится в засоленных овощах.

Конечно, мне импонирует и все то, что предлагает, я бы сказал, основоположник нового учения (давно забытого старого закона физиологии) о воде господин Батмангхелидж. Однако я не согласен с ним по такому важному вопросу, как разрешение пить воду во время и после еды. Это недопустимо. Сам процесс хорошего пережевывания пищи исключает ее прием.

Ученые всегда утверждали, что энергию организму поставляет пища за счет образования аденозинтрифосфорной кислоты (АТФ), при этом воду вообще во внимание не принимали. В действительности, именно вода производит энергию, заставляя работать ионные белковые «насосы» клеточных мембран, как в турбинах электростанций, способствуя проталкиванию в клетку питательных веществ и натрия и удаляя из нее калий и продукты обмена. В насыщенном водой организме кровь обычно содержит около 94% воды, а идеальное содержание воды внутри клетки должно быть в пределах 75%. Благодаря этой разнице и создается осмотическое давление, позволяющее воде проникать в клетки.

Вода приводит в действие натриево-калиевые «насосы», вырабатывая тем самым необходимую для нормальной работы клеток энергию, которая является пусковым механизмом внеклеточного и внутриклеточного обмена. Именно поддержание кислотно-щелочного равновесия, которое должно находиться в пределах 7,4, характеризует нейтральное состояние между кислой и щелочной средой организма, свидетельствующее о нормальном функционировании организма.

Чем больше клетка обезвожена, тем больше она зависит от энергии, образующейся от приема пищи, что способствует накоплению жира, а энергию организм получает от расхода белка и крахмалов. Не это ли является причиной тучности людей?

Хотя организм обладает довольно большими резервными возможностями по части воды, но все же ее сравнительно немного и хватает в среднем не более чем на 3 дня. В норме ее количество в организме, как я уже говорил, должно составлять 2/3 от массы тела. Доказано, что в пожилом возрасте, например, потеря воды может достигать даже 3–6 л. Вместе с тем известно, что нормально выполнять свои функции в растворах с повышенной вязкостью клетка не может.

Вода не просто жидкость, а питательная среда для клеток. С обезвоживанием организма сначала уменьшается объем клеточной жидкости (66%), затем внеклеточной (26%), а затем уже вода извлекается из кровяного русла (8%). Это делается для обеспечения водой, главным образом головного мозга, в котором воды находится до 85%, а по некоторым данным даже до 92%, и потеря мозгом даже 1% воды приводит к необратимым последствиям.

Огромная роль воды для головного мозга отмечается даже у ребенка, находящегося в утробе матери. Многие, в том числе и врачи, вероятно, не задавались вопросом, почему нормальное положение ребенка там – вниз головой. Да потому, что в таком положении улучшается кровоснабжение мозга, а от кровоснабжения мозга в этот период зависит вся последующая жизнь человека. Вот почему при любых нарушениях, связанных с расстройством нервной системы, особенно головных структур, необходимо помнить об этом и почаще делать хотя бы «полуберезку», а в последующем и «березку», или иначе, стойку на голове. Это помогает (на фоне употребления соли) нормализовать доставку в мозг жидкости объемом не меньше чем 1,5–2 л в сутки, в зависимости от веса тела. Только делать это в первое время следует осторожно и время стояния на плечах или голове увеличивать постепенно, от нескольких секунд до минут.

Особенно чувствительны к недостатку воды те клетки мозга, которые должны постоянно удалять токсические продукты, образующиеся в результате его деятельности. Интересно, что для нормальной работы мозгу необходимо около 20% всей крови, хотя сам он по объему занимает лишь до 2% от массы тела.

Чтобы мозг мог использовать энергию, получаемую от пищи, она должна пройти множество промежуточных реакций, для чего необходимо достаточное количество воды, которая сама по себе уже является энергетическим продуктом. Кроме того, мозг омывается жидкостью, которая отличается от крови, вырабатываемой капиллярами мозга (спинномозговая жидкость содержит больше натрия и меньше калия, чем все остальные жидкости). Капилляры мозга обладают одной особенностью в отличие от других капилляров организма: они одновременно являются элементом фильтрации, не позволяющим попасть в мозг нежелательным веществам. Этот процесс осуществляется так называемым гемоэнцефалическим барьером. Например, многие лекарственные препараты не проникают через этот барьер, почему лекарства для лечения мозга требуют специфических технологий. Кстати, в СССР, впервые в мире, нами был создан удостоенный государственной премии препарат «Фенибут», аналог гамма-аминомасляной кислоты, который, практически полностью проникая через гематоэнцефалический барьер, оказывал чудодейственный эффект, чего не удалось сделать, как мне известно, ни одному из других препаратов, кроме радиопротекторов.

При обезвоживании происходит нарушение в работе капилляров гематоэнцефалического барьера, в результате чего туда проникают вредные вещества, а это служит причиной многих неврологических расстройств, в том числе рассеянного склероза, болезни Паркинсона, Альцгеймера. Вода является вторым после кислорода средством, необходимым для нормальной работы клеток мозга, и главным питательным элементом всех его функций. Вот почему мозг содержит 85% воды во всем спинномозговом канале, в то время как во всех клетках организма не больше 75%.

Почему физиологический раствор, напоминающий составом морскую воду, так работает? Да потому, что солей натрия в организме должно быть много, они представляют собой среду, в которой лучше идут все биоэнергетические процессы.

Без солевой добавки человеческому организму требуется гораздо больше усилий для переработки пищи, в нем труднее происходят все биохимические реакции. Именно соль является хорошим регулятором внутренней среды организма. Все животные (лошади, коровы, овцы и др.) без соли жить не могут, и хорошие животноводы всегда об этом помнят, давая животным лизать соль.

Как уже говорилось, с обезвоживанием организма сначала уменьшается объем клеточной жидкости (66%), затем внеклеточной (26%), а затем уже вода извлекается из кровяного русла (8%). Сухая кожа, морщины и другие внешние проявления — это не старость, а отсутствие воды в клетках. Вот почему, даже если вы не испытываете чувства жажды, не надо ждать этого момента, а надо стараться регулярно пополнять организм водой. Еще раз напоминаю, что вода — это не просто жидкость, а питательная среда для клеток, и сморщенные клетки без воды, так же как кожные покровы, выполнять свои функции нормально уже не могут.

Доказано, что к 70 годам коэффициент соотношения воды внутри и вне клеток снижается с 1,1 до 0,8, а потеря внутриклеточной воды отрицательно сказывается на эффективности функционирования клеток. Вот почему не надо ждать, когда появится жажда, а надо заблаговременно вводить в организм избыточное количество воды, которым он сам распорядится. При недостатке воды организм прилагает отчаянные усилия по поиску внутренних резервов обеспечения наиболее важных органов, то есть мозга, необходимой жидкостью: вода извлекается из стенок сосудов, что приводит к сгущению крови, уменьшению диаметра сосудов, их повышенной ломкости. И ладно бы только это. Но при сгущении крови элементы ее формулы становятся недостаточно активны и, теряя свои межмолекулярные связи, слипаются в ассоциаты — своеобразные гроздья. Причем энергоемкость ассоциата не является суммой энергозаряженности соответствующего количества мономолекул, входящих в этот ассоциат. Отсюда удельная энергоемкость ассоциата значительно меньше, что и объясняет не только ограниченную подвижность воды, обусловливающую ее «старение», но и меньшую растворяющую способностью.

Конечно, такие гроздья молекул уже не могут проникнуть через мембраны клеток, что сказывается на реологических особенностях (текучести) крови. Не в этом ли кроется причина начала атеросклеротического процесса? Вот почему использование уже упомянутых выше магнитотронов Патрасенко, по своей структуре и градиенту точно соответствующих магнитному полю Земли, устраняет это явление, тем самым восстанавливая нарушенный энергетический потенциал клеток и форменных элементов крови.

Известно, что энергия для мозга поставляется за счет сахара, но потребляем мы его в 5–6 раз больше, чем нужно мозгу. Ведь в мозг поступает только 20% крови, которая циркулирует в организме. А вот после приема подсоленной воды чувство голода притупляется, организм занят превращением воды в структурированную и энергетическую формы, на что требуется 10–20 минут. Чувство голода к вам придет только тогда, когда вы действительно почувствуете необходимость в еде.

Увеличение объема воды после ее употребления приводит в свою очередь к уменьшению веса тела за счет выведения отечной жидкости. Известно, что одним из бичей для здоровья человека является ожирение, которое в первую очередь связано с обезвоживанием. Вместо того чтобы пить воду, человек начинает есть. Но если организм избыточную энергию не будет тратить на физическую работу, то она отложится в жир. Ферменты же, сжигающие жир, стимулируются адреналином именно благодаря физической активности. Одним из таких ферментов, в частности, является вырабатываемая поджелудочной железой липаза, которая расщепляет жир на составляющие элементы, затем используемые мышцами и печенью. В этом-то и кроется одна из причин похудения с помощью движения на фоне приема воды с незначительным количеством соли. И будьте уверены, эффект будет гораздо выше, чем он любой разрекламированной диеты или пищевой добавки.

А вот еще наблюдение. Почему сегодня так распространен диабет II типа (который, кстати, раньше наблюдался только у взрослых, а сейчас им болеют и дети)? Детям предлагаются сладкая вода, сладкая и другая пища, стимулирующие работу поджелудочной железы с выделением инсулина, который сам по себе способствует увеличению веса, превращая сахар и углеводы в жир. Лишний сахар не только не приносит пользы, но и вреден, «ощущением» поступления его в кровь как бы обманывая поджелудочную железу, и та производит лишнюю работу, выбрасывая инсулин для поддержания нормального уровня сахара в крови. Если же при этом нет реализации сахара через физическую работу, то он превращается в жир.

От обезвоживания страдают и клетки иммунной системы, при нарушении работы которых возникают так называемые иммунодефицитные заболевания. К ним относятся все хронические болезни: бронхит, астма, бесплодие, красная волчанка, склеродермия и др. Я бы отнес к ним также рассеянный склероз, болезни Паркинсона и Альцгеймера, онкологические заболевания. Это сложные заболевания, в которых задействованы все соединительнотканные структуры, где от недостатка воды наблюдаются нарушения всех биологических и энергетических процессов. Как только они «насытятся» жидкостью — устранятся факторы, вызывающие болезнь, и вместе с этим наступит выздоровление. Конечно, все это возможно только на фоне целого комплекса мероприятий, включающих личностные, социальные и экономические факторы, в которых благо человека и его здоровье ставятся на первое место.

А как на водный баланс в организме влияют лекарства? Любое лекарственное средство, как химическое вещество, требует дополнительного расхода воды, и это способствует еще большему обезвоживанию организма. Кстати, в настоящее время абсолютно доказано, что 90% лекарств применяется без каких-либо обоснований (и лечение с их помощью затрагивает только следствие, а не причину заболеваний), что еще больше усугубляет состояние нездорового организма.

Следует иметь в виду, что даже когда организм обезвожен и нуждается в воде, пополнить ее запасы он может лишь в том случае, когда в организме есть достаточное количество соли, с помощью которой и нормализуется содержание межклеточной жидкости. Если в организме воды мало, то он пытается получить ее из пищи, в результате переработки которой образуется вода, углекислый газ и глюкоза, на что в свою очередь требуется жидкость, а ее и так не хватает для того, чтобы промыть клетку от излишних солей, в результате чего она зашлаковывается, перестает нормально работать. Обезвоживание приводит к нарушению всех функций переработки пищи, ее синтеза и доставки необходимых веществ в соответствии со спецификой функции органа по удалению отходов.

К сожалению, врачи рассматривают воду только как средство, которое растворяет и разносит различные вещества, и считают, что удовлетворить потребность в воде можно за счет любой жидкости. На вопрос, какую воду нужно пить, врачи, как правило, отвечают: любую и как можно больше. Это не совсем так. Чай, кофе, пиво, алкоголь, искусственные напитки помимо того, что содержат воду, содержат и обезвоживающие вещества, такие как кофеин, а также различные другие химические компоненты. Доказано, что если вы употребляете указанные напитки, то из вас выходит большее количество жидкости, чем вы приняли, то есть исподволь происходит обезвоживание.

Рекомендуемый, например, врачами при простудах и повышении температуры горячий чай на самом деле приводит к еще большей потере жидкости за счет потения, хотя субъективно больной и чувствует облегчение. Для улучшения общего состояния достаточно выпить той же горячей воды с добавлением щепотки соли.

Депрессия, синдром хронической усталости, головная боль и практически любые функциональные и патологические изменения в организме начинаются с обезвоживания, недостатка воды, которая является пусковым механизмом для любых биохимических и энергетических реакций.

Многие не задумываются о том, что вода и другие жидкости не одно и то же. В искусственных напитках, как я уже сказал, содержится много химических веществ, которые с точки зрения физиологии вызывают в организме нежелательные реакции. Взять тот же кофеин, содержащийся в чае, кофе, шоколаде, напитках типа «Кока-кола», «Байкал» и др. Почему при употреблении крепкого чая или кофе наступает бессонница? Дело в том, что кофеин угнетает выработку шишковидной (эпифиз) железой мелатонина, который как раз способствует сну.

Кофеин своего рода наркотик, так как он действует прямо на мозг, работа которого начинает от него зависеть. Кроме того, воздействуя на почки, кофеин способствует большему выделению мочи, то есть действует как диуретик. Вот и получается, что хотя вы выпили достаточно жидкости, в организме-то она не задерживается, более того, выделяется ее больше, чем вы выпили. А если это к тому же не сопровождается физической активностью, то вы набираете вес, и вот вам уже болезнь — ожирение.

Кофе как тонизирующий напиток искусственно стимулирует тело, мозг, что на фоне усталости еще больше обессиливает организм. Это приводит к быстрому расходу энергии и, следовательно, нарушению внимания и памяти. Следует знать, что кофеин, воздействуя в целом на организм, способствует стимуляции сердечно-сосудистой системы. Вот почему у людей, злоупотребляющих напитками, содержащими кофеин, в 2–3 раза чаще возникают проблемы с сердцем.

Тем, кому трудно отказаться от кофе, позволю себе дать несколько советов по приготовлению полезного кофе.

Ржаной кофе. Отобрать крупную рожь, промыть, высушить, поджарить на сковородке, чтобы она не пережарилась, потом смолоть на кофемолке и сварить как кофе, только брать 2–3 ч. ложки. И приятно, и полезно.

Кофе из топинамбура. Созревшие клубни промыть, обсушить, нарезать мелкими кубиками, сушить 3–4 дня на свежем воздухе. Затем досушить в духовке до коричневой окраски. Хранить в сухом месте. Перед употреблением поджарить на сковородке, измельчить в кофемолке и заваривать как обычный кофе.

Кофе с семенами подсолнечника. На 100 г кофе взять 100 г семян подсолнечника. Очищенные семена поджарить, смолоть на кофемолке и смешать с кофе – они смягчают действие кофеина, при этом вкус кофе сохраняется. Кофе, приготовленный из семян подсолнечника, и вкусен, и полезен.

Что же касается **чая**, то его лучше пить с различными травами, хорошо пить **зеленый чай**.

Хорошая добавка к подсоленной воде и различные **грибные настои** (чайного, молочного и др.), они имеют кислую среду и оздоровляют зашлакованный организм. Трудно, например, переоценить способность чайного гриба уничтожать гнилостные бактерии. Весьма эффективны грибные настои при возрастных болезнях, особенно при атеросклерозе и гипертонии.

Теперь несколько слов об одновременном употреб-лении воды и пищи. Как правило, во время и после еды люди пьют – запивают пищу и заканчивают ее прием различными напитками (компот, чай, кофе и т. п.). Если бы вы знали, сколько этим причиняете себе вреда, нарушая законы природы и особенности работы организма!

Любые жидкости можно употреблять только за 10–15 минут до еды или через 1,5–2 часа после нее. В течение дня во рту у нас выделяется около 2 л слюны, которая представляет собой структурированную воду, богатую биоплазмой. Она не требует никакой энергии на свою переработку. Кроме того, при интенсивном жевании через ротовую полость проходит почти вся кровь, которая при этом очищается от токсинов, жира и других продуктов обмена. Это, во-первых.

Во-вторых, желудок, начав работать, готовит определенную среду для переработки конкретного продукта. Запивая каждый комок пищи водой, вы тем самым смываете пищеварительные соки, значительно снижая их концентрацию, что приводит к дополнительному напряжению всей системы. В свою очередь, кислое содержимое желудка поступает с водой в нижележащие отделы кишечника, чего в норме быть не должно. Ведь каждый участок желудочно-кишечного тракта — как цех, и начавшиеся в нем реакции в нем же должны и завершится. Образование в двенадцатиперстной кишке и тонком кишечнике кислой среды вместо щелочной вызывает брожение, гниение, что меняет как микрофлору, так и процессы обработки продуктов, всасывание. Вот откуда у вас гастриты, перидуодениты, язвы и другие заболевания. Так замыкается порочный круг, и сложный механизм пищеварения окончательно расстраивается.

Если вы тщательно пережевываете пищу до того момента, пока она не потеряет специфического вкуса, выделяется достаточно большое количество слюны, которая прекрасно заменяет воду, и необходимость «запивания» не возникает. Допустимо после еды 2–3 глотками прополоскать рот, а затем воду выплюнуть. Можно использовать жевательную резинку. Кстати, ее не рекомендуется жевать длительное время натощак, ведь как только ротовая полость начала работать, включается механизм переработки пищи, выделяются пищеварительные соки и т. д., но пищи-то нет. А система, которую постоянно «обманывают», уже не может активно реагировать даже на реально принятую пищу. Вот почему у детей сегодня часто нет аппетита, возникают вначале функциональные, а затем патологические изменения: гастриты, колиты и т. п.

И наконец, скажу о роли воды в выведении отработанных веществ, солей. Лучше всего для этих целей, как уже говорилось раньше, использовать немного подсоленные естественные жидкости, содержащиеся в растениях, фруктах, овощах, или талую воду. Однако следует обратить внимание вот на что. Фрукты, привезенные в Россию из других стран, срываются еще незрелыми, в дороге они как бы дозревают, но ведь процесс этот уже неестественный, в результате чего такие фрукты не содержат многих органических кислот, минералов, ферментов, теряются витамины. В то же время в спелых фруктах, овощах, особенно в их семенах, содержатся органические кислоты, в частности нуклеиновые, роль которых огромна: они являются носителями генетической информации.

Нуклеиновые кислоты или их звенья содержатся в ядрах натуральных продуктов: клубнике, землянике, малине и др. Удивительны в этом смысле **семечки подсолнечника**, только не сухие, а **проросшие**: стакан семечек минут 20 подержать в подсоленной воде, промыть, положить в двухлитровую банку, залить водой на 10–15 см выше семян, накрыть марлей, оставить на 10–12 часов (на ночь). Утром воду слить и поставить банку в темное место, промывая семена 2 раза в день. Через 1–2 дня появятся ростки. Чтобы замедлить их рост, банку нужно поставить в холодильник. Перед употреблением проростков их нужно промывать. То же самое можно делать с тыквенными семечками.

Талая вода сохраняет свою структурированную форму в течение суток, и очень хорошо, если там будет плавать еще кусочек льда. Отмечено, что если начать применять талую воду с примесью соли, то примерно через несколько дней заметите значительное улучшение в состоянии здоровья, повышение работоспособности, сокращение времени сна. Для устранения, например, дряблости кожи лица и шеи, массируйте ее подсоленной водой с кусочками льда, а затем, смочив полотенце подсоленной водой, возьмите его двумя руками за концы и, отпуская и натягивая, ударяйте по коже подбородка, шеи, щек.

Если вы будете втирать такой раствор в кожу всего тела, то очень скоро избавитесь от боли в области сердца, различных кожных высыпаний, варикозного расширения вен, морщин, радикулита, придет в норму кровяное давление и многое другое. После втирания нужно лечь спать, а утром, конечно после утренней гимнастики, сделать контрастное обливание — своего рода массаж тех же мелких сосудов, капилляров, от которых зависит наша жизнь.

В середине XX века, в 1958 году, А. Залмановым была высказана следующая мысль: «Не существует локальных заболеваний, болезней органов. Болен всегда человек в целом. Не существует локального лечения. Нам почти полностью неизвестно, что регулирует жизнь соединительной ткани, образующей рубцы, заживляющей наши раны после хирургического вмешательства, возмещающее утраченное вещество в органах, деформированных туберкулезом, сифилисом, алкоголизмом и другими болезнями. Нам неизвестно отношение соединительной ткани к функциям других тканей. И, однако, эта ткань, этот неутомимый восстановитель, становится причиной медленного отмирания пораженных склерозом органов. Склероз легких, почечный склероз, атеросклероз, склероз печени, цирроз печени — это всегда сморщивание органов соединительной тканью».

Что же может противостоять таким грозным патологическим изменениям в организме? Вода! Только не та обычная, которая течет из крана, а должным образом подготовленная и чуть подсоленная.

В моей практике я исхожу из того, что ***воды необходимо пить при весе 50–60 кг не меньше 1,5 л, а при заболеваниях тех же суставов и до 2 л, а при весе больше 70 кг — не меньше 2 л.***

Откуда взялось количество 2 л? В среднем при весе 70 кг у человека в покое с мочой выводится примерно 1 л жидкости, с калом — 100 мл. За счет испарения и диффузии с поверхности кожи с выдыхаемым воздухом тратится еще 900 мл. Все в целом и составляет 2 л воды, которые и нужно восполнить.

Помимо этого, конечными продуктами переработки пищи является углекислый газ, глюкоза, вода. При смешанном питании выделяется воды около 300 мл. При физических нагрузках расход жидкости увеличивается. Для компенсации потери жидкости и надо употреблять подсоленную воду.

Следует также иметь в виду, что природа мудро поступила: 3/4 овощей и фруктов имеют щелочной характер, 1/4 — кислый. Если человек съест в день овощей и фруктов (включая их соки) до 60–70%, тем самым он снабдит свой организм 1 л, да и больше, физиологичной и структурированной воды (содержащейся в этом количестве овощей и фруктов), а также клетчаткой, дополнительно очищающей организм.

А такие вещества, как натрий, калий, кальций, железо, магний, относятся к щелочным элементам и, взаимодействуя с водой, дополнительно распадаются на молекулярный и атомарный кислород, оздоравливающий клетки, нормализуя обменные процессы в них.

Пить воду лучше всего так

- *Взять щепотку соли в рот и запить ее стаканом воды, в которую добавлено 10–15 капель 3%-ной перекиси водорода, и лучше сразу выпить таким же образом еще один стакан воды, скоро вы почувствуете, что пить такую воду даже приятно.*

Это необходимо, с одной стороны, для того чтобы в достаточной степени восполнить воду, потраченную организмом во время сна на устранение продуктов метаболизма, с другой — удалить сконцентрированную в течение ночи желчь в желчном пузыре, которая как раз является основным источником образования в нем камней.

• *Желательно пить воду, начиная с 5 до 7 часов местного времени, в период активной работы желчного пузыря. И что немаловажно: прием 2 стаканов воды утром, натощак, устраняет запоры.*

• Помните, что такая вода — это пищевой продукт, к которому надо относиться с почтением. *Через 10–15 минут после ее приема, т. е. время, которое потребуется для превращения воды в структурированную и энергетическую воду,* она начнет работать как электролит, антиоксидант, растворяющий все мочекислые и другие образования, накопившиеся в зашлакованном организме. *В день общее количество соли не должно превышать 2–3 г.* Если учесть, что физиологический раствор, который питает наш организм, является 0,9%-ным, такое количество соли практически не приносит никакого вреда для организма.

• *Затем в течение дня, особенно когда захотите есть, выпейте 0,5–1 стакан подсоленной воды, и желание поесть пройдет на 30–50 минут.*

Желанием поесть и попить занимается такой регулятор, как гистамин, и если у вас появилась сухость во рту, то вы предпочитаете поесть. В этом-то и кроется ошибка, ибо сухость появляется на самом деле во время или после еды. Вот почему вы пьете много жидкости после трапезы, чтобы разбавить съеденную сухую пищу. Однако вы тем самым себе приносите вред, разбавляя жидкостью пищеварительные соки и уменьшая их концентрацию, которой уже недостаточно для переваривания пищи, в результате чего она подвергается в организме брожению и гниению. На самом деле утолить ложное чувство голода надо не пищей, а водой.

Если организм хорошо напитать водой, то оценить ее достаточность можно по цвету урины: она должна быть бесцветной, безвкусной (несоленой), как простая вода, без запаха. Если организм не очень сильно обезвожен, то урина желтая, а самое опасное, если она оранжевого цвета или мутная, соленая, горькая. Практика показывает, что лечить таких больных бесполезно, пока не нормализуется водный баланс организма, его кислотно-щелочное равновесие.

• Когда вы испытываете жажду, кажется, что вы хотите есть. *Примите воду со щепоткой соли, и на 30–40 минут совершенно исчезнет чувство голода.* Особенно это важно для людей с излишним весом, что на фоне физической активности быстро снизит вес без каких-либо пищевых добавок или способов похудения.

Те, кто бывал в Средней Азии, вероятно, заметили, как там потчуют чаем, прямо совершая какое-то таинство: горячий чай переливают из чашки в чашку несколько раз. Зачем это делают? Вода, ударяясь о дно чашки, «разрыхляется» и насыщается кислородом, в том числе и атомарным (как возле водопада). После такого чаепития вы получаете значительный заряд бодрости, а также хороший мочегонный эффект.

• А теперь возьмите на заметку те, кто страдает заболеваниями *сердечно-сосудистой системы, желудочно-кишечного тракта, легких и др.* С вечера приготовьте стакан с водой, прикрыв его салфеткой. Утром, проснувшись до 7 часов по местному времени, возьмите стакан в одну руку, а в другую – пустой стакан. На столе должна стоять еще большая чашка.

Стакан с водой начинайте поднимать как можно выше над этой чашкой, одновременно переливая воду в пустой стакан, и так сделать 30 раз. Вначале вода будет расплескиваться, потом будет все нормально. И ту воду, которая останется в стакане, надо маленькими глотками выпить. Удивительно, но от головной боли, тошноты и многого другого избавитесь. Конечно, неплохо еще капнуть в оставшуюся воду 5–10 капель перекиси водорода, которая является источником не только физиологически чистой воды, но и атомарного кислорода.

На ***стакан воды*** я добавляю ***от 5 до 10 капель 3%-ной перекиси водорода,*** что дает более выраженный эффект, так как кислорода у нас в организме всегда не хватает. Если помнить, что раковые клетки живут только в бескислородной среде и там, где воды в клетках мало, то даже этот прием будет способствовать тому, что за счет активации работы клеток организма все патологические клетки, в том числе и раковые, а также любые паразиты, населяющие наш организм, будут уничтожены.

Если рассматривать воду с точки зрения физики, то при ударе и звуковых воздействиях (гром, колокольный звон и т. п.) молекулы воды разрываются на более мелкие частицы: атомарный кислород, озон, водород, гидроксильные группы. Это явление называется диссоциацией.

Не с этим ли связано то явление, что в период эпидемий в городах и селах на Руси постоянно звонили в колокола – и болезнь проходила стороной или жертв было гораздо меньше, чем там, где этого не делали. Известно, что человек на 2/3 состоит из воды, и можно предположить, что колокольный звон оказывал действие на воду организма, повышая концентрацию перекиси водорода, тем самым усиливая иммунную систему и помогая организму справиться с заразой.

Водород очень летучее вещество и быстро покидает воду, так же как часть кислорода, озон распадается на молекулярный и атомарный кислород, и оставшаяся часть кислорода, быстро объединяясь в виде гидроксильных групп, образует перекись водорода. Известно, что перекись водорода в той или иной мере присутствует в любой воде. Меньше всего ее в дистиллированной воде, воде из снега — в 10 раз больше, во льду — в 15 раз больше, а в воде после грозы ее удельный вес больше в 300 раз.

Перекись водорода является одним из самых сильных антиоксидантов, который, доокисляя недоокисленные вещества, способствует тому, что кислая среда (что «любят» онкологические клетки) ощелачивается, тем самым восстанавливая гомеостаз — кислотно-щелочное равновесие, а следовательно ведет к выздоровлению.

Интересен и такой факт. В деревнях умные доярки перед грозой всегда укрывают бидоны с молоком одеялами, ватниками, создавая своего рода звукоизоляцию, и молоко не скисает.

Признаки обезвоживания

Конечно, вас интересует, какие симптомы свидетельствуют об обезвоживании организма. Мне легче что-то не назвать, чтобы определить то, что связано в организме с недостатком подсоленной воды.

Это:

- головная боль, головокружение;
- раздражительность, депрессия, повышенная утомляемость, бессонница;

- отеки под глазами, одутловатость лица, сухость или наоборот чрезмерная жирность кожи;
- сердечно-сосудистая, почечная недостаточность;
- диабет;
- нарушения артериального давления;
- недостаточность выделительной системы (почки, мочевой пузырь);
- любые заболевания, связанные с нервной системой (рассеянный склероз, болезни Паркинсона и Альцгеймера, энцефалопатия и др.);
- заболевания органов зрения, ушей, носоглотки;
- бронхиальная астма;
- боли различной локализации;
- колиты, запоры;
- отеки ног, судороги икроножных мышц, чувство жжения в стопах и пальцах ног, трофические язвы, тромбофлебит;
- артрозы, артриты;
- любые проявления на кожных покровах: экзема, псориаз, склеродермия, миастения и т. п.;
- чувство прилива у женщин в климактерический период.

Мне кажется, данного перечисления достаточно, чтобы понять, что все эти недуги всего лишь недостаток подсоленной воды. У читателей, несомненно, возникнет вопрос, при каких заболеваниях можно и нужно принимать такую воду? Во-первых, воду надо пить для того, чтобы не заболеть, а если уж появилось какое-нибудь отклонение в здоровье или заболевание, независимо от его характера, то первое, о чем должен подумать больной, это *насытить организм подсоленной водой*. Где-то ***2 грамма (1/2 ч. ложки без верха) соли на 2 с лишним литра воды*** достаточно для регулирования водно-солевого баланса в организме и обеспечения его нормальной работы.

Что удивительно, как вы уже знаете, если наша жидкость в организме содержит 0,9% хлоридов или

0,9 г на 100 мл, то 2–3 г поваренной соли вполне достаточно в течение дня для коррекции водного обмена в тканях. Вместе с солью, которая содержится в пищевых продуктах, это составляет дневную норму в 3–4 г. Перебор в приеме соли не только неуместен, но и опасен из-за возможного развития отеков. В этом случае надо прекратить прием подсоленной воды и пить больше просто воды несколько дней, после чего перейти на прием чуть подсоленной воды: две-три крупицы крупной соли или смоченный палец погрузить в солонку и сколько прилипнет соли, то и считать нормальной дозой на стакан воды. Можете пойти в аптеку, чтобы вам взвесили 2–2,5 г соли, и вот уже в этом случае переборщить ее будет просто невозможно.

Почему возникают отеки? Официальная медицина, забывшая основы физиологии, советует при этом состоянии пить как можно меньше жидкости, потому что якобы «ее и так переизбыток в организме». Абсурд, дорогие мои! Потому что, если в клетке мало воды, то используется любая вода, находящаяся вне клетки, в которой содержится много солей (натрия), задерживающих воду. Мембрана клетки, отфильтровывая воду, излишний натрий оставляет в тканях, тем самым еще больше увеличивая отеки, чтобы затем использовать их как запас воды. Но вода-то соленая, да и достаточно зашлакованная, что еще больше усугубляет состояние больного. Наоборот, такому больному надо пить как можно больше подсоленной воды, которая, промывая организм, выведет излишние соли и устранит отеки.

Чем больше клеткам не хватает воды, тем большее давление необходимо, чтобы ввести воду в клетку, а это уже ведет к повышению кровяного давления, то есть к ***гипертонии***. Вот почему сама вода, да еще подсоленная, является лучшим физиологичным мочегонным средством.

Вода, соль и калий — три составляющие, регулирующие содержание воды в организме. Соль регулирует содержание воды вне клетки, калий — внутри клетки, а вода обеспечивает промывание клетки и удаление токсических продуктов, образующихся в результате ее деятельности. Нарушение соотношения натрия и калия и приводит вначале к функциональным, а затем и к патологическим изменениям в клетке, органе.

Гистамин — это основное вещество, выработка которого увеличивается с началом обезвоживания и появлением чувства жажды, чтобы предотвратить потерю воды клеткой. Врачи, зная об этом, при различных заболеваниях, например при бронхиальной астме, назначают антигистаминные препараты. Зачем? Наоборот, больным надо рекомендовать побольше пить подсоленной воды, и организм сам отрегулирует концентрацию воды вне и внутри клеток, тем самым устранив не только симптомы, но и саму болезнь.

Мой более чем 20-летний опыт народного целителя, основанный на клинической и амбулаторной практике, убедил в том, что возникновение любого заболевания — это многоплановый процесс, обусловленный обезвоживанием организма, в основе которого лежит зашлакованность организма, о чем свидетельствуют следующие признаки: нарушение работы желудочно-кишечного тракта (запор, понос, зловонный запах стула, дисбактериоз, камни в желчном пузыре, почках), нарушение обменных процессов (артриты, артрозы, остеохондроз, остеопороз), различные кожные и аллергические проявления, повышенная утомляемость, ухудшение памяти и т. п. Все вышеназванное — это результат внутренней интоксикации всей соединительнотканной структуры организма, ответственной за переработку, доставку, утилизацию и выведение продуктов метаболизма, что и есть нарушение эндоэкологического состояния. Еще раз нелишне напомнить, что, если не наладить работу желудочно-кишечного тракта, печени как главного детоксикационного органа, не очистить соединительнотканные структуры (кровь, лимфу, межтканевую, внутриполостную, спинномозговую жидкость и т. п.) с помощью воды, то невозможно восстановить энергетику организма и вылечить человека.

И не забывайте о правильном питании: лучше раздельное, тщательно прожевывайте пищу, не запивайте еду во время приема пищи, никакого чая и компота сразу после еды, а только спустя 2 часа и, конечно, побольше овощей, фруктов, ягод и трав, всего того, что нам щедро дарит Природа...

Подробнее о воде вы можете прочитать в моей книге «Вода — жизнь и здоровье: мифы и реальность» («ДИЛЯ», 2005).

НЕКОТОРЫЕ РЕКОМЕНДАЦИИ ПО ЗДОРОВОМУ ОБРАЗУ ЖИЗНИ

Согласитесь, уважаемые читатели, что какими бы чудодейственными свойствами ни обладала перекись водорода, о которой мы только что подробно говорили, эффективность ее воздействия на ваш организм будет гораздо выше, а результат — надежнее, если вы перестроите свою жизнь в целом. К примеру, одна женщина пришла ко мне с жалобой: ей после приема перекиси водорода плохо стало. Я начал выяснять что к чему и узнал, что у нее, оказывается, на протяжении шести дней сильнейший запор... И вот что я вам скажу: *прежде чем браться за перекись, необходимо очистить кишечник, печень, суставы, кровь*... Когда организм превращен в свалку, а болезнь эту свалку усугубила, никакие препараты не помогут, в том числе и перекись водорода.

Мы многое прощаем себе, откладываем на завтра — зарядку, здоровое питание, полноценный отдых. Но если относиться к своему организму наплевательски, запас наших «завтра» кончится очень быстро. Поэтому давайте-ка задумаемся, что мы сами можем сделать, чтобы быть в форме, сохранять бодрое ощущение души и тела.

Не сомневаюсь, что многие из вас нашли для себя различные способы и методы оздоровления. Добавьте к ним или сделайте основными и наши рекомендации.

Очистка кишечника

Для очистки кишечника существует много способов.

Дело не в клизмах, дело в очистке восходящего отдела толстого кишечника и особенно печени, только тогда вы почувствуете начало выздоровления. В настоящее время в практику медицины входит глубокая очистка толстого кишечника — гидроколонотерапия, с помощью которой за сравнительно короткое время (5–7 процедур) можно добиться результата, которого невозможно достигнуть клизмами. При этом в кишечник подается жидкость под давлением, которая, как брандспойт, смывает все напластования из кишечника, а с помощью другой трубки удаляет их. Очистка контролируется по степени снижения давления в системе. После 2–3 дней данных процедур мы приступаем к очистке печени.

Наш опыт работы в народном целительстве показал, что применение клизм, каким бы методом они ни проводились, не дает эффекта освобождения от гнилостно-бродильных пленок, которые фактически стали неотъемлемой частью стенок кишечника и выключают мембранное и полостное пищеварение. Того напора жидкости, которая при этом вливается в кишечник и самостоятельно выливается, недостаточно для устранения всех залипаний, залежалых каловых масс и других экскрементов. Только гидроколонотерапия путем одновременной подачи и отсасывания жидкости под мониторным и динамическим контролем за давлением и температурой в полости кишки справляется с этой задачей. При пропускании под давлением не менее 10 л отмывающей жидкости за 15–20 минут удаляются не только все экскременты из толстой кишки, но и эндоксины из крови, проходящей по кровяному руслу кишечника. В состав отмывающей жидкости входят экстракты лечебных трав (в том числе полыни, папоротника, спорыша, пижмы и др.). Разработана и применяется оригинальная методика ввода перекиси водорода через кишечник, а это около 300 м^2 внутренней поверхности.

В отличие от чистки кишечника с помощью клизм, этот метод не связан ни с какими дискомфортными ощущениями.

Процедуры по очистке кишечника проводят врачи-проктологи, количество процедур определяют специалисты (обычно от 6 до 12). В период проведения процедур рекомендуется перейти на безбелковую вегетарианскую пищу с учетом правил питания (см. книгу «Эндоэкология здоровья»).

Для поддержания состояния ЖКТ на нормальном физиологическом уровне рекомендуется повторять проведение гидроколонотерапии. При этом количество процедур зависит от периодичности повторения. Опыт работы нашего Лечебно-профилактического центра показал, что если колоногидротерапия повторяется раз в квартал, то достаточно одной процедуры, один раз в полгода – 2–3 процедуры, раз в год – не менее 6 процедур.

Однако если процедура очистки кишечника с помощью обычных клизм проводится самостоятельно, то ее надо проводить 2 раза в год, весной и осенью, и что особенно важно – в течение 2–3 дней (по методике, разработанной в нашем Центре).

Если нет возможности проводить гидроколонотерапию, то используйте для очистки толстого кишечника клизмы:

- В 1,5–2 л кипяченой воды комнатной температуры добавить по 1 ст. ложке яблочного уксуса, или сока клюквы, или смородины, или лимона. Если нет ни того ни другого, используйте собственную урину – 0,5–1 стакан.
- Для хорошей работы мышц необходим магний и калий, а свекла, один из самых дешевых продуктов,

является чемпионом по содержанию этих элементов. Особенно полезна клизма из свекольного сока: 600–800 г свеклы натереть на терке, добавить 1,5 л кипятка, потомить 20 минут, помешивая, снять с огня, укутать и настаивать 1 час. Процедить и использовать в соотношении 1:10,5 в виде клизм, что особенно важно при голодании, при котором на 1,5–2 л кипяченой воды брать 1–3 стакана свекольного сока.

Принять коленно-локтевое положение, расслабиться. Наконечник с резиновой трубки кружки Эсмарха снять, смазать мылом. Осторожно ввести конец трубки в задний проход, который тоже смазать мылом. Для лучшего проникновения воды в кишечник надо сделать спокойно глубокий вдох животом, задержать дыхание, выдох, и так несколько раз. Когда войдет вся вода, сделайте несколько раз движение животом: вдохнуть-выдохнуть. При таком положении очистка кишечника происходит только в нисходящем и поперечно-ободочном отделе толстого кишечника. Восходящий отдел толстого кишечника, где как раз находится основная гниющая масса каловых отложений, остается нетронутым.

Для того чтобы очистить толстый кишечник полностью, надо проделать следующую процедуру: после введения воды в кишечник надо лечь на спину, поднять ноги и таз как можно выше (поза «березка») и медленно лечь на правый бок, делая движения животом: вдох-выдох, затем лечь на спину, а потом потихонечку встать. Через 5–10 минут после первой клизмы надо обязательно сделать клизму второй раз, а можно и третий. Такая процедура обеспечивает лучшее отхождение белково-гнилостных пленок, прилипших к слизистой кишечника, и их выведение.

После очистки кишечника рекомендуется сразу же проводить очистку печени.

Очистка печени

- Выберите 4 дня так, чтобы очистка приходилась на субботу и воскресенье. За 3 дня до этого перейдите на безбелковую вегетарианскую пищу и желчегонные чаи.

В это время желательно пить как можно больше яблочного сока или есть кислые сорта яблок. Ежедневно – клизма. На 4-й день в 15.00 принять 2 таблетки аллохола или другого желчегонного средства. Приготовьте 100–150 мл оливкового масла, можно рафинированного растительного. Если есть возможность, возьмите 100 мл лимонного сока, сока брусники, клюквы. Можно ограничиться одним лимоном. Возьмите 2 стакана и смешайте все. Если у вас один лимон, разрежьте его на дольки и положите рядом со стаканом. Соком дольки лимона вы «запьете» порцию смеси. При приеме смеси иногда бывает тошнота. Для предотвращения этого растолките дольку чеснока, положите в закрытую баночку; если возникнет надобность, понюхайте чеснок, все пройдет.

- В 18.00 примите 2 таблетки но-шпы. Если у вас повышенное или пониженное кровяное давление, принимать но-шпу надо по 1 таблетке или вообще не принимать из-за ее свойства расширять сосуды. Так как во время очистки печени идет большая потеря внутритканевой жидкости вместе с калием (возможны неприятности с сердцем), надо пить горячий чай с медом, лимоном, отвары с курагой, изюмом.
- В 18.30 примите ванну (15 минут), хорошо прогрейтесь. Приготовьте постель и ровно в 19.00 ложитесь в нее, положив грелку на область печени, справа в подреберье, и выпейте в 2–3 приема немного подогретой смеси через 10–15 минут (иногда больные выпивают всю дозу сразу), предварительно

помешав смесь. Во время проведения процедуры желательно не ходить. Через 3–8 часов могут возникнуть боли в области правого подреберья. В этом случае примите снова 2 таблетки аллохола и 1–2 таблетки но-шпы, ложитесь в ванну, прогрейтесь в течение часа, затем попрыгайте или, поднимаясь на носки, постучите пятками. Снова ложитесь в постель. К утру начнутся позывы. На следующий день, независимо от того, вышли камни или нет, в полдень сделайте обычную клизму. Может наблюдаться преходящая слабость. Содержимое кишечника соберите в тазик, чтобы посмотреть, что из вас вышло. В 15–16.00 снова все повторите, то есть сделайте еще один тюбаж. Эту процедуру надо повторить ровно через месяц, а возможно, и еще раз через месяц, но не более 3 раз. В последующем такую процедуру делать 1–2 раза в год.

Некоторые плохо переносят растительное масло, да еще в таком большом количестве, как рекомендует тот же Малахов или Семенова. Так как осознание необходимости заботы о своем здоровье у нас возникает в зрелом возрасте, когда накопилось уже много болезней, то прием 200 мл или больше масла — это очень большая нагрузка на печень, сердечно-сосудистую и выделительную системы, что может привести к непредсказуемым процессам (кардиогенный шок, если у вас раньше были проблемы с сердцем, резкое ухудшение самочувствия и т. д.). Наша практика показывает, что если вам больше 40 или тем более больше 50 лет, то прием растительного масла нужно ограничить до 100 мл, смешав его с 100 мл биокефира, простокваши, подогреть, размешать и выпить, даже не ощущая, что вы пьете масло. Такое количество масла вместе с кефиром оказывает щадящее действие на весь процесс очистки печени, не вызывая большой нагрузки на различные системы организма. Следует еще учесть, что чем больше возраст, тем менее горячей должна быть грелка.

Очистка суставов

Суставы чистят лавровым листом. 5 г листа кипятить в 300 мл воды 3–8 минут, настаивать 3–4 часа. Настой лучше приготовить с вечера, а с утра следующего дня пить по 1 ст. ложке на прием (не более!), выпивая таким образом всю порцию в течение дня. Повторить на 2-й и 3-й день. Затем 7 дней перерыв и снова в течение 3 дней прием настоя.

Очистка крови

При множестве существующих способов я бы посоветовал проводить чистку крови имбирным чаем. 1,5 г сухого порошка залить 1,5 л кипятка, 20 минут держать на слабом огне. За 5 минут до снятия бросить щепотку черного молотого перца. Остудить и в теплый отвар добавить 3 ст. ложки меда.

Принимать по 1/3 стакана, смешав с 1/3 стакана лимонного сока и 1/3 стакана теплой воды, 3 раза в день за 30 минут до еды. Настоянный чай хранить в стеклянной банке под крышкой на нижней полке в холодильнике.

Зарядка

Немецкие ученые доказали, что человек, который только в течение 20 минут ежедневно занимается физической зарядкой, заболевает в 5–7 раз реже, эффективность работы возрастает на 35–40% и после 50 лет добавляется 5 лет жизни.

Тем, кто хочет действительно быть здоровым, с профилактической целью полезен следующий, не очень трудоемкий ежедневный комплекс физических упражнений.

- Лежа на спине, после того как проснулись, следует научиться сокращать мышцы как всего тела, так и отдельных его частей. Растирать все участки, до которых можно достать, массировать ладони, пальцы, уши, на которых проецируются органы всего тела.

Растирать кожную поверхность всего тела нужно потому, что под ней находится лимфатическая система, ответственная за сбор отходов деятельности клеток и уничтожение патогенной микрофлоры.

- Согнуть немного одну ногу, ступню на себя, а другой ногой массировать согнутую ногу со всех сторон как бы отрывая: подъем стопы, пальцы, боковые стороны, мышцы голени, бедра с одной и другой стороны (*если нет варикоза и трофических язв*).

То же самое проделать с другой ногой.

Восстанавливая при этом упражнении кровоснабжение нижних конечностей, вы одновременно предупреждаете развитие многих сердечно-сосудистых расстройств и заболеваний суставов.

- Соединить стопы и двигать ими к себе–от себя, колени стараться прижимать к полу.

Этими упражнениями вы исключаете застой в нижних конечностях, плоскостопие, коксоартроз, остеопороз, предупреждаете развитие варикозного расширения вен, трофических расстройств.

Вначале упражнение можно упростить: одна ступня двигается по внутренней стороне полусогнутой другой ноги, колено которой прижато к полу. Происходит и одновременный массаж внутренней стороны ноги, голени и бедра. Нельзя выполнять при тромбофлебите и варикозе.

Упражнение это так же хорошо, как и предыдущее, при коксоартрозе.

- «Ходьба» на ягодицах. Сесть на пол, ноги прямые (могут быть чуть согнуты). Левую часть тела — ногу и ягодицу — приподнять и двинуть вперед, делая при этом поворот головой влево, а прямыми руками — вправо. Затем все повторяется правой частью тела: нога с ягодицей вперед, голова вправо, а взмах влево. Так «идти» 1–2 м вперед, потом назад — сколько хотите раз.

Упражнение устраняет застойные явления в тазовой области, предупреждает развитие остеохондроза во всех отделах позвоночника, нормализует работу всего желудочно-кишечного тракта, устраняет патологию выделительной системы и половых органов, устраняет энурез, выпадение прямой кишки, влагалища, улучшает половую потенцию, устраняет отек нижних конечностей.

- Танцевать, используя элементы твиста: одна нога пяткой делает разворот вокруг носка на 180° при неподвижности таза.

Это упражнение способствует предупреждению или избавлению от коксоартроза.

Необходимо заметить, что при движении с поверхности суставов слущивается эпителий, который превращается в смазку. Ведь кости и связки не имеют своей кровеносной системы, а питаются за счет прикрепленных к ним мышц, и чем активнее работают мышцы, тем лучше идет кровоснабжение костей и связок. Вот почему необходимо двигаться, независимо от того, сколько вам лет и чем болеете, не говоря уже о болезнях суставов.

- Дышать животом, что обеспечивает работу лимфатического «сердца» — диафрагмы, способствующей не только перекачке жидкости снизу вверх, но и массажу всех внутренних органов брюшной и грудной области.

Делать это надо так: быстро и легко сделать вдох животом (можно глубоко) и, медленно втягивая пупок к позвоночнику, выдох. Чем длительнее вы это будете делать, тем лучше.

Может показаться, что лечение перекисью водорода можно дублировать введением дополнительного кислорода через дыхательные пути или тем, чтобы больной глубоко дышал, получая при этом как бы двойную порцию, то есть по укоренившейся в медицине формуле: чем больше кислорода — тем лучше. Оказывается, все наоборот. Как вы уже знаете, свободные радикалы, молекулярный и атомарный кислород различаются по своей структуре и назначению. Существует мнение, что избыточное количество кислорода препятствует разложению перекиси водорода на воду и атомарный кислород, в результате чего общее количество кислорода в тканях может даже уменьшиться. Вот почему людям, которые осваивают различные виды дыхания, я уже более 40 лет предлагаю естественный механизм дыхания, заложенный в нас Природой: научиться дышать не дыша. Этот метод является одним из самых физиологичных способов дыхания, благодаря которому поддерживается нормальное соотношение между кислородом и углекислотой, за счет чего снимается спазм с капилляров, являющийся началом заболевания.

Физиологичный тип дыхания заключается в следующем: когда вы говорите, делается быстрый вдох, и на длинном выдохе ведете разговор. Как вы дышите, когда поете? Глубоко сделали вдох и на длинном выдохе поете, то есть еще больше задерживаете дыхание. Это делается с одной целью: чтобы в организме увеличилось содержание углекислого газа, который расширяет сосуды и обеспечивает лучшее кровоснабжение клеткам. Причем этот тип дыхания, в отличие от многих других, вы можете применять где угодно: при ходьбе, езде в транспорте, работе и т. д.

Делать упражнение надо так. Чуть вдохнуть, немного выдохнуть и задержать дыхание насколько сможете. Почувствовали, что больше не можете задерживать дыхание, довыдохните. Отдохните и снова так дышите. Только надо представить себе, как будто вы или говорите, или поете, но, конечно, молча (а можете и петь, что еще лучше). Научитесь так дышать, задерживая дыхание на выдохе до 30–40, а лучше до 60 секунд. Но таких секунд в сутки вы должны в сумме набрать не меньше 30 минут, а лучше 1 час. Только после этого вы начнете забывать, где у вас находится сердце и суставы.

В начале освоения этого метода дыхания в области сердца могут наблюдаться незначительные боли; если были раньше экстрасистолы, то они могут снова появиться; на это не надо обращать внимания: все постепенно придет в норму. Просто идет перестройка на естественный, физиологичный тип дыхания, улучшающий работу всего организма за счет лучшего насыщения тканей кислородом.

В своей малоподвижной жизни, особенно в пожилом возрасте, мы находим много причин, чтобы не заниматься спортом: нет спортивных площадок, мешают собаки, которых хозяева выводят гулять и не дают бегать трусцой и т. д. Я вам предложу один способ укрепления здоровья.

Многие из вас живут в многоэтажных домах и жалуются, что тяжело подниматься на 2–5-й этажи без лифта. Как превратить тяжесть в радость? Подойдя к первой ступеньке, отдышитесь, сделайте вдох, чуть-чуть выдохните и идите быстро, как можете, не дыша. Почувствовали, что задерживать дыхание больше не можете, остановитесь, довыдохните (в легких ведь осталось еще много воздуха), успокойте дыхание и вперед. В первые дни вас будет беспокоить одышка, сердцебиение, тяжесть в ногах, но они постепенно будут исчезать.

Спускаться тоже надо так — «не дыша», ибо в этом случае работают другие мышцы: кто ходил в горы, знает, что подниматься легче, чем спускаться.

Вначале преодолеете 3–5 ступенек, а затем все больше и больше, но в любом случае этот способ укрепляет сердечно-сосудистую, легочную, нервную, мышечную системы, улучшает обменные процессы, снижает вес. Придя домой, примите контрастный душ и похвалите себя: какой вы молодец. Удивительно устроен наш организм, в котором заложены огромные возможности, в частности в той же системе дыхания. Еще в своей кандидатской диссертации я отмечал, что мы выдыхаем воздуха больше, чем вдыхаем, потому что в Природе предусмотрен ***физиологический тип дыхания:*** чем меньше вдох и больше задержка на выдохе, или медленнее выдох, тем лучше для организма.

- Многие из вас бегают утром, чего ни в коем случае делать нельзя. Как показывают многочисленные исследования, при беге по утрам значительно увеличивается свертываемость крови, а это чревато своими последствиями: ускорением атеросклеротического процесса и тромбированием сосудов.

Питание

Мой многолетний опыт работы народного целителя позволяет сделать вывод, что из всех предлагаемых схем питания предпочтение необходимо отдать ***раздельному питанию*** и в повседневной жизни следовать следующим основным правилам.

- Утром, до 7 часов местного времени, выпивайте стакан воды комнатной температуры, а в течение дня, каждые 2–3 часа, по 50–70 мл, что особенно важно для пожилых людей. Это поможет избавиться от одного из самых распространенных нарушений в работе желчного пузыря, удалить из него застойную ночную желчь, из которой как раз и образуются камни.

Жидкости употребляйте не позднее, чем за 10–15 минут до еды и через 1,5–2 часа после еды. После еды рот можно прополоскать (но не глотать). Желательно пить только талую воду.

- Не готовьте и не садитесь за стол в гневе. Будьте всегда в добром расположении духа.
- Соотношение продуктов в еде должно быть таким: белков (преимущественно растительных) — 15–20%; растительной пищи — 50–60% (чем больше ее в сыром виде, тем лучше); а углеводной — 30–35% (или 1:5:3).

Белки — это мясо (нежирные сорта или белое мясо птицы), рыба, яйца (всмятку), бульоны (первую воду слить), бобовые, грибы, орехи, семечки.

Растительная пища: овощи, фрукты, ягоды, соки, варенье.

Углеводы — это хлеб (чем грубее помол, тем лучше), мучные изделия (чем меньше, тем лучше), крупы, картофель, сахар, конфеты, мед.

Доля *жиров* не должна превышать 5–10%. Употребляйте топленое сливочное масло, свиное сало, растительное масло только в свежем виде, семечки, орехи.

В качестве приправы — различные уксусы.

С возрастом необходимо ограничить употребление животных белков: мяса, рыбы — до 2–3 раз в неделю, а яиц — до 10 штук в неделю.

Растительную пищу (салаты, винегрет и т. п.) желательно съедать за 8–10 минут до углеводной и белковой пищи.

- Как правило, не надо смешивать углеводную пищу с белковой. И углеводную, и белковую пищу можно есть с растительной. Например, можно сделать такой бутерброд: мясо + лист сырой капусты + мясо + квашеная капуста.

После принятия белковой пищи углеводные продукты можно есть через 4–5 часов, а после углеводной белковые — через 3–4 часа.

- Откажитесь от жареных блюд, жирных бульонов, пресного молока, искусственных и рафинированных продуктов (копченостей, колбас, кондитерских изделий, печенья, белого хлеба).
- Сахар и соль употребляйте в меру: сахара до 30–40 г и соли до 3 г в сутки.

Пищу необходимо *тщательно пережевывать* до того момента, пока во рту не исчезнет ее специфический вкус. При этом процесс насыщения происходит быстрее, а объем съедаемой пищи снижается в 2–3 раза, что ведет к нормализации веса.

- Старайтесь съедать всю пищу свежеприготовленной. Повторный подогрев или использование пищи через несколько часов после приготовления делает ее «мертвой».
- Принимать пищу и жидкости в горячем виде нежелательно, их температура должна быть в пределах 35–38 °С.
- Так как прием пищи, ее переработка, всасывание и выведение продуктов отхода — это трудоемкий энергетический процесс, то еда должна быть однородной, свежей, с большой долей растительных компонентов.
- Процесс переваривания — работа, требующая довольно больших усилий, поэтому после обильной еды желательно 20–30 минут отдохнуть, но не спать.
- Принимайте пищу не менее 3–4 раз в день, но понемногу. Лучше пропустить прием пищи, чем нагрузить желудок, который тоже должен отдыхать.

- Ужинать желательно не позже 18–19 часов.
- Один-два раза в неделю необходимо делать разгрузочный (фруктовый, соковый) день продолжительностью от 24 до 36 часов или голодать, принимая талую воду.

Многие (особенно, кто страдает пониженным давлением) не могут обходиться без кофе, связывая его тонизирующее действие с кофеином. Это не совсем так. Поджаренные семена кофейного дерева при приготовлении кофе выделяют еще и перекись водорода, которой в одной чашечке сваренного кофе содержится до 750 мг. Так что пейте кофе на здоровье, только не злоупотребляйте им, особенно гипертоники.

- Съеденная пища должна быть компенсирована движениями.

  Помните о том, что каков стол, таков и стул, доход (объем пищи) должен быть меньше, а расход (движения) больше.

- Во время заболеваний, протекающих с повышением температуры, желательно до нормализации температуры ничего не есть, только пить воду и соки.

Выполнение этих правил питания позволяет поддерживать чистоту желудочно-кишечного тракта после его очищения, создавая нормальные условия для жизнедеятельности всех органов и систем организма.

Мысль

Сегодня уже стало очевидным, что наша мысль такой же материальный процесс, как все остальное в Природе, но объективных доказательств этому было мало. Например, Мария Ивановна Шадури (Грузия), кандидат биологических наук, используя эффект Кирлиан, доказала, что наша мысль в реальном времени отражается на излучении, исходящем от пальца. С помощью этого метода, названного биоголограммой, доказано, как мысль управляет телом, в то время как ни медицина, ни биохимия, привыкшие расчленять организм на части, ответить на этот вопрос не могут. Фотография пальцев, где изображение представляет собой динамическую голограмму, позволяет судить о состоянии не только всего тела (ровное свечение), но и о характере заболевания того или иного органа. Чем серьезнее болен орган, тем ярче и четче высвечивается он сам, а по такой картинке дается точное описание того, что происходит внутри него даже тогда, когда мы еще не ощущаем болезни, в так называемом продромальном периоде.

Отсюда один главный вывод: *надо представлять свой больной орган здоровым, и последует команда на его выздоровление*.

Мысль образуется зрительным образом, а не речью, в этом заключается сущность и достоинство нового лечебного метода — *имажинации*. Негативные образы разрушают. Страх, уныние, нерешительность, недоверие — начало реализации отрицательных программ. Боязнь заболеть раком — начало рака. Если верить, что рака нет и не будет — организм сам, с помощью такого явления, как апоптоз (механизм устранения всего того, что мешает нормально работать) устранит патологический процесс.

ЛЕЧЕБНО-ПРОФИЛАКТИЧЕСКИЕ ЦЕНТРЫ ПРОФЕССОРА НЕУМЫВАКИНА

В вечной круговерти нашей быстротекущей жизни мы, как правило, вспоминаем о своем теле тогда, когда заболеваем. Посмотрите, что получается: до 20–25 лет – пора взросления, учебы; 25–45 лет – семья, становление; 45–60 лет – отдача накопленных знаний. Кажется, еще не жил, а уж пора на пенсию. Хорошо, если есть чем заняться в появившееся свободное время, но, как правило, бежавший всю жизнь человек натыкается на стену ненужности и бездействия, у него обостряются болезни, на которые раньше он не обращал внимания. В результате – инфаркт, инсульт, жизнь закончилась.

Как быть здоровым – нас ни в молодом, ни, тем более, в пожилом возрасте никто не учил и не учит. Постоянно суетясь, живя для других (государства, детей, которых кормим до их старости и т. п.), мы все время чего-то добиваемся (должности, звания, достатка и т. п.), выясняем отношения, а ведь на все это необходима энергия, силы, которых с годами становится все меньше и меньше. Правильно поступают за рубежом – каждый в жизни несет свой крест и отвечает за него.

И в течение всей жизни мы ни разу не поинтересуемся, а как там у нас внутри работает сложнейшее производство – организм. Ведь Природа наградила нас особенностями, которых ни у кого нет:

самодостаточностью, саморегулируемостью, самовоспроизводством. Только ведь, как и за машиной, за организмом надо постоянно ухаживать, производить профилактический ремонт, смазывать (физкультура), не смешивать бензин с керосином (наладить питание) и многое другое.

И хотя это требует преодоления определенных трудностей, перейти на новый режим жизни (питания, движений, закалки), избавиться от болезней, сохранить бодрость и здоровье можно в любом, даже в пожилом возрасте.

Путь к возвращению здоровья — это работа не менее важная, чем любая другая, и потратив на нее 30–60 минут в день, вы постепенно начнете понимать, что здоровье нельзя купить, его надо заработать! Однако результаты такой работы стоят затраченных усилий, они позволят вам жить в полном здравии, «на своих ногах», не быть обузой для ваших детей в старости.

К сожалению, официальная медицина не ставит задачу сделать человека здоровым. Я такую задачу поставил, решил ее, работая в космической медицине, теперь мне хочется внедрить все это в гражданское общество. Ничего сверхъестественного не требуется. Один маленький центр, где есть несколько медсестер, врач, знающий технологию, и сестрахозяйка, может за 3 недели вылечить 30 человек.

«Оздоровительный центр космических технологий профессора Неумывакина» в Германии.

Здесь следует сказать о работе медицинской службы в Германии. Несмотря на высокотехнологичное оборудование, профессионализм врачей, отличное обслуживание с хорошо поставленной патронажной системой, стандартов лечения (где бы ни находился пациент), все лечение ограничивается применением лекарственных средств, химиооблучением, оперативным вмешательством. Несмотря на многочисленные диагностические устройства, причина заболеваний остается неизвестной, что приводит к ошибкам в диагностике (по данным литературы, в Германии составляет 40%), после чего предпочтение отдается финансовой стороне, не заботясь о том, чтобы пациент был здоров.

Та же самая картина наблюдается в России. Как можно понять, что родоначальник онкологической службы в России академик Н. Н. Блохин, являясь ведущим онкологом мира, заболел раком и умер после операции? Как может врач-терапевт лечить больного гипертонией (которой, кстати, и нет), если он сам страдает этой болезнью? Вот почему одним из важных принципов Российской ассоциации специалистов традиционной медицины является то, что «целитель не должен болеть, ибо он для своих пациентов должен быть примером». Не зря профессор А. А. Алексеев издал книгу «Врачи – заложники смерти», так как умирают врачи раньше на 15–20 лет, чем их пациенты. И это касается врачей всего мира.

Вы спросите, а где выход? Да в самой Природе, частицей которой является человек, и ничего нового не надо придумывать. Примером чего являются оздоровительные центры.

В названии Оздоровительного центра в Германии добавились слова «космическая технология». Дело в том, что при создании больницы для космических кораблей мне пришлось практически заново пересмотреть все, что используется в официальной медицине. Оказалось, что ее методы и средства невозможно было использовать в космической медицине и поэтому пришлось обратиться к природным средствам. К воде, перекиси водорода (вырабатываемой клетками лимфоидной ткани в тонком кишечнике и без которой мы не могли бы жить); использованию ультрафиолетового света, без которого все живое не может жить; к соде, являющейся основным элементом плазмы крови. Кроме того, здесь используется аргонный излучатель.

Опыт создания такого центра представляет интерес. Его возглавляют супруги Елена и Александр Зеевальд. Елена окончила Карагандинский медицинский институт, педиатрический факультет, после переезда в Германию подтвердила диплом врача, работала хирургом, защитила докторскую диссертацию, а также подтвердила диплом кардиолога, анестезиолога и хирурга, специалиста биорезонансной терапии. Александр окончил Карагандинский политехнический институт, факультет квантовой физики. В Германии он подтвердил диплом физика и получил сертификат по диагностике и биорезонансной терапии. Такое сочетание совместной деятельности врача и биофизика позволяет им добиваться существенных результатов, которые не могут получить многие частные клиники.

В Германии на государственном уровне существует Союз врачей-натуропатов, в котором могут состоять не только врачи, но и лица, закончившие трехлетние курсы по натуропатии. Членами этого Союза являются и супруги Зеевальд. Особенностью работы Оздоровительного центра космических технологий является то, что здесь используется биорезонансная аппаратура МетаСкан и БиоСкан, которая позволяет оценить состояние крово- и энергосистемы каждого органа человека, определить степень его поражения видом инфекции, устранить причину заболеваний или, иначе, убить паразитарную среду и тем самым нормализовать энергопоток в организме. Эта аппаратура позволяет с достаточной точностью отличить рак от других заболеваний.

Известно, что некоторые виды бактерий имеют большое сходство с вирусом рака, ошибка в определении которого доходит до 40%. Если такому больному уже провели хотя бы одну химиотерапию, то это уже точно раковый больной. Не это ли является одной из немаловажных ошибок, в результате которых увеличивается количество больных онкозаболеваниями? Доказано, что в результате применения химических лекарств и химиотерапии паразитарная инфекция мутирует и ее трудно различать.

Последнее время официальная медицина все больше склонна считать причинами болезней инфекционные начала. Недавно ученые США определили, что в организме живут до 10 тысяч различных паразитов и что для каждого из них надо создавать специальные вакцины. Абсурд, конечно. При применении химических лекарственных или других средств мирно живущие в организме паразиты приходят в возбужденное состояние, как в потревоженном осином гнезде, или мутируют, становясь еще более вирулентными, оказывая сильную воспалительную реакцию, что особенно наблюдается у онкологических больных.

Так вот, применяемая в Центре аппаратура позволяет определить частотную характеристику таких паразитов, у которых еще даже нет названий, и их уничтожить. Помимо этого, там используется внутривенно перекись водорода, сода, аскорбиновая кислота, ультрафиолетовое облучение крови, аргонный излучатель и другие манипуляции. После оздоровления пациенту выдаются соответствующие рекомендации и набор противопаразитарных средств.

Необходимо рассказать об аргонном излучателе. Известна теория возникновения заболеваний В. Райха, который связывал их с нарушением биологической пульсации: периодическим сжатием и растяжением тела, что он назвал биопатией. При заболеваниях процессы сжатия преобладают над растяжением. Для устранения этого явления он «создал» аргонный аккумулятор, который представляет собой деревянный ящик без гвоздей, выстланный внутри фольгой, в котором аккумулируется энергия, которая способствует расширению тканей человека, нормализации окислительно-восстановительных процессов и рассасыванию патологических очагов. В дальнейшем Н. Вейник доказал, что в таком ящике аккумулируется не энергия, а время, проявляющееся в виде энергетических феноменов, которые он назвал хроносами.

Еще дальше пошел физик доктор Экхард Вебер из Германии, который создал аргонный излучатель. Мне выпало счастье познакомиться с этим удивительным человеком. Он был рад узнать, что врач додумался использовать солнечный луч для лечения больных, а я с восторгом наблюдал за особенностями работы его устройств. Достаточно сказать, что созданный им большой аргонный излучатель за 30 минут разбивает любую опухоль, не затрагивая здоровые ткани. Несмотря на такие результаты, ему запретили работать, тем более использовать такие приборы в практике, ибо они не имеют специального разрешения. Так как доктору Веберу дали понять, что такое разрешение он не получит, то он стал делать портативные аргонные излучатели, которые применяются в данном Оздоровительном центре.

Представьте себе, что на вас направлена своего рода пушка, которая, как увеличительное стекло, концентрирует космическую энергию, и сфокусированный луч устраняет любую проблему в любом органе. Все это элементарно просто, но теперь представьте себе, что такие аргонные излучатели будут во всех клиниках. Что прикажете делать онкологам, да и другим специалистам более 120 специальностей (а болезней придумано более 30 тысяч)? Это одно из проявлений достижений цивилизации, которая своими «успехами» сама вгоняет себя в гроб. Доктор Вебер решил также другую мировую проблему с помощью аргонных излучателей. Он обеззараживает воду и делает ее «живой», космической, без которой нет жизни.

Вот еще что хочу сказать об этом Центре. Хотя стоимость процедур в нем на порядок меньше по сравнению с частными клиниками, эффективность работы значительно выше. Из-за технических трудностей Центр пока работает в режиме дневного стационара с предоставлением проживания отдельно. Стоимость при одноместном проживании 24 евро в сутки, при двухместном – по 18 евро с каждого человека. Продолжительность прохождения всех процедур, как и в других центрах, 3 недели.

Центр расположен между городами Франкфурт-на-Майне и Ганновер. Проезд электричкой до Касселя, откуда организована доставка пациентов до Центра.

От нас люди уходят с таким самосознанием, что прекрасно понимают, если не сделают для себя то, что мы им рекомендовали, обязательно пойдут к врачам, где снова их посадят на лекарства. И не надо забывать, что мало того что современные лекарства становятся все хуже и хуже, они еще и в буквальном смысле привязывают человека к себе. Именно поэтому «медицина болезни» для меня давно перестала существовать. Для меня есть «медицина здоровья» — то будущее, чем должны заниматься врачи. И премии должны быть не за количество больных, а за количество здоровых.

В Центре мы никого не лечим, мы оздоравливаем! Методика позволяет абсолютно без лекарств вернуть утраченное здоровье. Я уверен, что нет абсолютно никаких неизлечимых болезней, есть состояния, которые мешают это сделать. Я всю жизнь искал, где же этот пунктик, от которого зависит здоровье человека, оказывается, сознание. К примеру, в нашем Центре слово «болезнь» даже не произносится. Зато через 3 недели пациенты, которые до этого страдали «хронической гипертонией», «непреодолимым избыточным весом», «постоянными остеохондрозами» и другими «неизлечимыми» заболеваниями, выходят практически здоровыми и с пониманием того, что от их сознания, их отношения к целевой задаче быть здоровым все зависит.

Мы действительно из больного человека делаем здорового, но через его понимание. Он должен понять, что с ним случилось и что он должен делать, чтобы с этой хворобой распрощаться и быть здоровым. Конечно, если он не готов следовать рекомендациям в обычной жизни, то пусть идет к врачам и борется с симптомами болезни.

Отрадно, что пациенты, прошедшие курс лечения в центрах, практически все, независимо от характера заболевания, пишут, что это последняя инстанция в медицине, что «дальше идти некуда». И смею вас заверить, что те, кто побывал у нас и получил облегчение или выздоровление, становятся истыми приверженцами правильного образа жизни и с этого пути не свернут.

ЗАКЛЮЧЕНИЕ

Официальная медицина, хоть и берет свое начало у народной медицины, несмотря на доброе отношение к ней руководства Минздрава РФ, продолжает делать все, чтобы прогрессивные начала традиционной народной медицины игнорировались, хотя сегодня уже многие понимают, что без интеграции усилий официальной и многовекового опыта народной медицины из тупика не выйти.

Конечно, огромное значение имеет комплекс оздоровительных мероприятий, направленных на профилактику заболеваний, в том числе решение многих социальных, экономических, экологических, особенно нравственных проблем. Но это возможно только на государственном уровне. В западных странах это давно уже поняли, и забота о благосостоянии человека в государственном масштабе там занимает не последнее место.

Вероятно, наша жизнь заключается в вечной борьбе старого с нарождающимся новым — такова ее проза, при которой человек живет в ожидании лучших времен. Такая, хоть и призрачная, целевая установка помогает человеку жить и выживать. Особенно это свойственно русскому человеку, на долю которого выпадает столько невзгод, что другие народы давно бы вымерли. А мы живем и надеемся. В этом как раз и заключается менталитет и сила русского народа, духовной его сущности.

Заканчивая книгу, открою вам страшный секрет. Я получаю много писем, в том числе и от врачей, которые вводят внутривенно перекись водорода.

И знаете, что они делают: убедившись в бессилии чем-либо помочь больному, в истории болезни пишут, что вводят глюкозу, а на самом деле вводят перекись водорода — больной выздоравливает. Кого мы обманываем и сколько при повсеместной лжи будем жить? Говорят, что по Божьим канонам — это один из страшных человеческих пороков, а мы все мечтаем о каких-то светлых идеалах, витаем в чистых помыслах о доверии друг к другу. Ведь чего проще: каждый на своем месте должен делать то, от чего другому будет лучше. Если бы этот нравственный принцип был возведен в закон, который может сделать нашу жизнь действительно здоровой, счастливой! Доживем ли? А ведь об этом мечтали и мечтают столько людей!

В своих письмах многие меня спрашивают, что я делаю сам? Моя история — это опровержение мнения официальной медицины, суть которого, в частности, состоит в том, что атеросклеротический процесс необратим. Когда мне было 52 года, врачи поставили диагноз: атеросклеротический процесс с преимущественным поражением сердца и мозга, кровяное давление 160–180/100–120, пульс 75–86, напряженный, аритмия и многие сопутствующие заболевания, такие как полиартрит. С точки зрения официальной медицины, я должен был быть хроническим больным или вообще умереть.

Однако еще до этого я много читал и достаточно хорошо разбирался в средствах народной медицины, хоть и ничего практически не делал сам. Начав заниматься посильными физическими упражнениями, раздельным питанием с ограничением его объема, диафрагмальным дыханием с задержкой на выдохе от одной до четырех минут, бегом трусцой, контраст-ным обливанием, общим закаливанием (на даче в любое время года ходьба босиком и в шортах), я добился существенных улучшений. Но особенно хорошо я стал чувствовать себя, начав прием перекиси водорода и ее внутривенное вливание. Кровяное давление стало 120–130/75–80, пульс в покое 55–60, во время сна он 45–50, хорошего наполнения, мягкий, отмечаются редкие экстрасистолы, которых я не замечаю.

Перекись водорода я и все мои близкие не только принимаем внутрь и закапываем в нос, но и вводим внутривенно с помощью шприца у себя дома. Я жив и здоров, как и все мои родственники, чего и вам желаю.

Внутривенное введение перекиси водорода в нашем Центре не проводится, так как официальной медициной этот метод не разрешен к применению, да и малая площадь центра не позволяет этого делать.

Труд народного целителя — это не только тяжелая психологическая нагрузка, требующая глубоких знаний физиологии и патологических состояний, способов их коррекции, ответственности за результат лечения, но это еще и большая физическая нагрузка. Так, например, при выполнении одного приема мануальной терапии приходится «перекидать» не менее одной тонны в день, что вряд ли могут сделать те, кто к нам приходит.

Человек живет не только физическим телом, но и душой, энергией, которой он должен быть все время полноценно заряжен. С болезнями энергия человеческого организма, как аккумулятор, садится. Появляются пробои в энергетической оболочке (биополе). Вот почему разного рода целители, к сожалению, не всегда профессионально, пытаются «подзарядить» человека. И многим это удается, и любые лекарства и способы как бы «раскочегаривают» ослабленные механизмы организма, запускаются механизмы усвоения горючего питания клеток, и они начинают нормально работать, начинают выделять энергию, восстанавливая потенциал системы тонкого тела (энергоинформационную систему), которое и приводит в норму все процессы. Но следует понимать, что при всем при этом, если убрать атомарный кислород, то никакие силы не поднимут больного, никто не накачает больного энергией.

50% энергии тонкое тело получает от Вселенной (энергия творения) — это волновая энергия с частотой живого организма, а 50% энергии поступает от выделяемой клетками при делении. И эти 100% энергии тонкого тела управляют всеми процессами в организме. Эта великая мудрость Природы: человеку дается 50% энергии извне, а 50%, будь добр, поставляй сам. Будешь лежебокой — умрешь! Особенно это важно, когда медики говорят: «Конец!». Но в организме заложены Природой громадные резервы, в том числе атомарный кислород, который в комплексе с другими мероприятиями поможет вам наладить здоровье.

Конечно, все сказанное требует дополнительных исследований, но, как мне представляется, к сожалению, никто этим заниматься в ближайшем будущем не будет, ибо тем самым опровергнет все существующие догмы о причинах болезней и, главное, искусственно нагроможденные подходы к лечению болезней синтетическими лекарственными средствами, которые оказываются бессильными перед микробной флорой, населяющей наш организм, которая после такого лечения становится еще более вирулентной, то есть заразной.

Как видно из изложенного и опыта использования перекиси водорода, проводившегося практически подпольно, вопросов возникает больше, чем ответов

И. П. Неумывакин со своим другом, дважды Героем СССР, космонавтом П. Р. Поповичем, 2003 г.

И. П. Неумывакин со своим коллегой, дважды Героем СССР, В. Поляковым, пробывшим в космосе в общей сложности около 680 суток, 2003 г.

И. П. Неумывакин со своими бывшими сотрудницами и опекаемыми им испытателями систем жизнеобеспечения космических кораблей (справа налево) Л. Сидоренко и Героями России С. Нефедовым и Е. Кирюшиным, 2003 г.

на них. Для этого и должны существовать учреждения, которые обязаны этим заняться при действительной заинтересованности в проведении в жизнь декларируемого положения заботы о человеке.

Народная медицина предлагает много способов и средств природного происхождения, которые с достаточной долей вероятности излечивают то, что не подвластно официальной медицине. Пора объединить усилия и признать народную медицину одним из видов медицинской деятельности, о чем подготовлен проект Общероссийской медицинской ассоциацией специалистов традиционной народной медицины и целителей, который находится на рассмотрении в Госдуме уже несколько лет без движения. К примеру, мой врачебный опыт и опыт народного целителя служит порукой тому, что с помощью той же предложенной перекиси водорода в сочетании с ультрафиолетовым облучением крови фактически без всяких затрат можно лечить тысячи больных, независимо от характера их заболевания, о чем вы узнали из данной книги.

Напомню, что, кроме прибора «Гелиос-1» для медицинской практики, создан прибор и для лечения любых животных практически без применения лекарственных средств — «Гелиос-2», а также установка для использования и в сельском хозяйстве, что позволяет повышать урожайность любых культур в 1,5–2 раза, причем без использования химических минеральных удобрений или с минимальным их количеством. Используя этот прибор, за 3–5 лет можно даже восстановить (рекультивировать) процесс естественного плодородия. Таким образом, создана эффективная оздоровительно-экологическая система на всех уровнях: человека, животных, растений, земли, о чем знают соответствующие ведомства. И получается, что хотя этим разработкам уже больше 25–30 лет, нет нужды их реализовывать из-за того, что это «перекроет кислород» многим НИИ и заводам, выпускающим профильную продукцию. Прожив достаточно много лет, приходишь к парадоксальному выводу: в России здоровый человек никому не нужен.

Относительно перекиси скажу так: возводить ее в некую панацею не следует. Как вы уже поняли: при любом заболевании в организме увеличивается расход перекиси водорода, в конце концов возникает ее дефицит. На этом фоне усиливается влияние патогенной флоры. Болезни усугубляются, появляются новые. Безусловно, при этом организм нуждается в помощи, без которой он просто не может обойтись. Перекись водорода и есть один из эффективных вариантов такой помощи. Я бы назвал перекись водорода *универсальным вспомогательным средством лечения фактически при любом заболевании.*

И наконец, последнее. Многие больные, особенно читатели «ЗОЖ», а их больше трех миллионов, требуют, чтобы врачи вводили им внутривенно перекись водорода, ссылаясь на мой авторитет. И что вы думаете, врачи, преодолевая внутреннее сопротивление, не только вводят перекись в вену, но и делают этот метод основным при лечении различных заболеваний. Что получается? Метод «пошел» не сверху, а снизу, откуда возникла официальная медицина, — из истоков народной медицины.

Чтобы облегчить врачам жизнь, довожу до сведения, что Ижевская Государственная медицинская академия в лице Республиканского центра активной хирургической иммунокоррекции выпустила информационное письмо «Применение внутрисосудистого введения низкоконцентрированных растворов перекиси водорода в клинической практике» (Ижевск, 2002), сотрудники которой, да и другие врачи, уже широко используют перекись в своей лечебной практике, о чем вы уже знаете из интервью с профессором В. Ситниковым.

Как видите — лед тронулся, и приостановить процесс более широкого внедрения перекиси водорода в клиническую практику, думаю, Минздраву РФ уже не удастся. Наоборот, его руководству необходимо всячески содействовать этому, чтобы на деле проявить заботу о здоровье граждан России. Что ж, поживем — увидим. Я по натуре — оптимист. Полагаю, что по мере использования перекиси водорода в медицинской практике мы будем открывать все новые и новые свойства этого препарата.

Заканчивая книгу, хочу привести стихи со смыслом, которые нашел в своем архиве.

О смерти говорить не надо,
А надо жить и просто жить,

Держа на расстоянье взгляда
Все то, чем стоит дорожить.

Ни в чем других винить не надо:
У каждого свои дела,
Свои привычки, цели, дружба.
У каждого в душе свои колокола.

Иной, он по-иному чуден.
Но коль с людьми тебя свело,
То пусть с тобою будет людям
Свободно, надежно и тепло.

Они мудры: сиди и слушай,
Не торопи напрасно дни.
Не заставляй до срока душу
То открывать, что зреет в них.

Живи, дивись тому,
Как светел небосвод,
И так дыши, как дышат птицы,
Готовясь в дальний перелет.

И. Кузавина

ОЗДОРОВИТЕЛЬНЫЙ ЦЕНТР ПРОФЕССОРА И. П. НЕУМЫВАКИНА

В Крыму работает единственный не только в нашей стране центр оздоровления И. П. Неумывакина, в котором пациенты избавляются от имеющихся проблем со здоровьем, в том числе с заболеваниями, с которыми не может справиться официальная медицина и, что не менее важно, не может предотвратить возможность развития заболеваний у практически злоровых людей. В центре это возможно.

Адрес центра:

Республика Крым,
г. Алушта, пос. Малореченское,
ул. Виноградная 18

С мобильного телефона в России:

С мобильного в России:
+7 (978) 100-02-15
+7 (978) 269-69-30

Памятка пациенту

Неумывакин И. П. один из основоположников космической, традиционной, народной медицины. В течение 30 лет разрабатывал систему оказания медицинской помощи космонавтам при полетах различной продолжительности – тема докторской диссертации 1982 г.

Эффективность предложенной системы доказывает то, что при полетах в Космос уже более 50 лет никто из космонавтов не болел.

Оздоровительная система, несколько измененная в применении к земным условиям, позволяет:

- произвести коррекцию нарушенного природного механизма физиологического способа приема и переработки пищи;
- очистить организм от шлаков с помощью физиологического голодания;
- нормализировать кислотно-щелочной баланс, водно-солевой обмен, бактериальную кишечную микрофлору;
- поддерживать мышечную систему в активном состоянии, обеспечивающую перекачку жидкостного конвейера и др.

Предложенный комплекс позволяет избавить пациента от уже имеющихся у него проблем со здоровьем, а также предупредить возможность возникновения заболеваний, характер которых не имеет значения. Освободить от лекарственной зависимости.

Человек – самодостаточная, саморегулирующая система, которая в зависимости от направленности сознания должна быть здорова.

В оздоровительном центре никого не лечат, здесь учат, как быть здоровым самостоятельно с нашей помощью.

Заболеваний как таковых нет, а есть состояния, зависящие от степени зашлакованности.

Человек должен беспокоиться о своем здоровье не тогда, когда он заболел, а когда у него ничего не болит.

Человек здоров настолько, насколько он сам хочет быть здоровым. В противном случае ему никто не поможет.

Оздоровительный центр профессора Неумывакина И. П., как ни один из существующих, обеспечит вам активное долголетие и жизни столько, сколько отпущено вам природой.

Рекомендации:

1. Теплая, чистая вода выпивается за 10–15 минут до еды и только через 1,5–2 часа после еды. Ее надо пить маленькими глотками, как бы жуя, насыщая слюной. В промежутках между едой можно пить прохладную воду, согревая ее во рту.

2. Еда должна быть однородная. Например, закуска – первое блюдо, закуска – каша объемом не более 1 л. Вскоре вы заметит, что вы съедаете пищи в 1,5–2 раза меньше, а здоровеете быстрее. В знаменательные дни возможны нарушения режима, только после этого чтобы остались приятные воспоминания об этих событиях.

3. Кушать 3 раза в день. Последний прием пищи – легкий ужин не позднее 19 часов. В вечернее время допускается прием кисломолочных продуктов, фруктов. Перекусов между приемами пищи никаких не делать. Хотите кушать – вам нужна не еда, а вода. Крепкий чай, кофе, минеральную воду не из источников не употреблять. Фрукты использовать между приемами пищи.

4. Ложиться спать не позднее 23 часов.

5. Пища должна быть хорошо пережеванной и как можно больше пропитана слюной. Ее нужно не глотать, а пить.

6. Не надо забывать про «периферическое сердце», это – состояние мышц, особенно ног, которые всегда

надо поддерживать в определенном тонусе с помощью различных упражнений, прогулок, гидропроцедур.

Предлагаемый метод физиологического голодания — это единственный метод, который практически гарантирует вам здоровье и активное долголетие. По вере вашей — воздастся вам!

Показания: все, кто считает себя практически здоровым (с нашей точки зрения, вы уже больны), инвалиды III группы, II группы – после предварительной договоренности.

Противопоказания: инвалиды I группы, III степени, III стадии.

Республика Крым, г. Алушта,
с. Малореченское, ул. Виноградная,18.

neumyvakin-crimea.com • booking@neumyvakin-crimea.com • doctor@neumyvakin-crimea.com

СОДЕРЖАНИЕ

ИЗДАТЕЛЬСТВО «ДИЛЯ»
ПРЕДЛАГАЕТ:

И. П. Неумывакин

ПУТИ ИЗБАВЛЕНИЯ ОТ БОЛЕЗНЕЙ: ГИПЕРТОНИЯ, ДИАБЕТ...

Формат 70×100/16, объем 256 с.

Профессор И. П. Неумывакин рассказывает, как победить многие болезни, в том числе считающиеся неизлечимыми, такие как диабет, гипертония и др. И в этом не помеха ни ваш собственный возраст, ни «возраст» вашей болезни.

ИЗДАТЕЛЬСТВО «ДИЛЯ»
ПРЕДЛАГАЕТ:

И. П. Неумывакин

КАЛЕНДУЛА
На страже здоровья

Формат 84× 108/32, объем 128 с.

В новой книге профессора И. П. Неумывакина рассказывается о широко применяемом и излюбленном средстве народной медицины — календуле. Лечебные свойства этого растения, известные с глубокой древности, сегодня исследованы и обоснованы наукой. Автор приводит способы лечебного применения календулы, одновременно напоминая, что все-таки главный лечебный потенциал — это желание человека быть здоровым и обеспечение естественных и разумных условий для полноценной жизни.

Для широкого круга читателей.

Неумывакин Иван Павлович

ПЕРЕКИСЬ ВОДОРОДА
МИФЫ и РЕАЛЬНОСТЬ

Ответственный за выпуск *С. С. Раимов*
Редактор *А. Г. Кудряшова*
Корректор *Л. Г. Алёшичева*
Художественный редактор *И. Н. Фатуллаев*
Оформление *К. Б. Муганлинский*
Верстка *М. В. Вдовин*

Подписано в печать 04.09.18. Гарнитура Peterburg.
Формат 84×108 $^1/_{32}$. Усл. печ. л. 7,56. Печать офсетная.
Доп. тираж 10 000 экз. Заказ № 480

ООО «Издательство «ДИЛЯ»
198095, Россия, СПб., Митрофаньевское ш., д. 18 литер «Ж»

Отпечатано по технологии CtP
в Первой Академической типографии «Наука»
199034, Санкт-Петербург, 9-я линия, д. 12/28.